献给所有爱科学、爱自然、
爱生活、爱梦想的孩子们

小小农学家

李德新◎编著

中国农业科学技术出版社

图书在版编目（CIP）数据

小小农学家/李德新编著.—北京：中国农业科学技术出版社，2021.2

ISBN 978-7-5116-5134-1

Ⅰ.①小… Ⅱ.①李… Ⅲ.①农学－少年读物 Ⅳ.①S3-49

中国版本图书馆CIP数据核字（2021）第016229号

责任编辑 张志花
责任校对 李向荣

出 版 者 中国农业科学技术出版社
北京市中关村南大街12号 邮编：100081
电　　话 （010）82106636（编辑室）（010）82109702（发行部）
（010）82109709（读者服务部）
传　　真 （010）82106631
网　　址 http://www.castp.cn
经 销 者 各地新华书店
印 刷 者 北京地大天成文化发展有限公司
开　　本 148毫米×200毫米 1/32
印　　张 5.75
字　　数 145千字
版　　次 2021年2月第1版 2021年2月第1次印刷
定　　价 45.00元

点亮希望之光

（代序）

我国是一个历史悠久的文明古国，同时也是一个传统的农业大国。近万年的农业生产是中国传统文化产生和发展的土壤。“传承和弘扬农耕文化，留住我们生活的根”，这是现代社会各界有识之士的呐喊。让我们从儿童做起、从自己做起、从现在做起，用实际行动点亮希望之光。创办“少年农学院”是农耕科普的一种全新形式，可让少年儿童接触到泥土的芳香，回归大自然的怀抱，从传统农耕文化里汲取营养。今天我们在少年的心田里埋下一颗金色的种子，明天也许就会长成对祖国有用的参天栋梁。

农业科普靠谁来做？农耕文化靠谁来传承？当然靠我们农业工作者，靠我们千千万万的农科专家。农科专家专业从事农业研究，精通农业生产过程，掌握农业科学技术，是农耕文化的第一传人。农科专家不仅要关注农业生产方面的技术指导，也要关注农村科普、关注农耕文化的传承，要有一颗献身科普的火热的心。正是这种崇高的责任感和献身科普的炽热情怀，江苏省农业科学院的专家研究员选择无锡市藕塘中心小学开展试点，创建少年农学院，为少年农学院的建设发展出谋划策，和学校师生结下了深厚的友谊。李德新同志在帮助少年农学院整理、挖掘、提炼我国传统农耕文化过程中，精心编写了《小小农学家》这本科普读物，为同学们献上了一份高质量的“营养大餐”，值得点赞。

在创办少年农学院的过程中，我们始终把农业科研大院作为少年农学院的大后方。江苏省农业科学院领导亲自挂帅，召开协调会议，安排专项经费，支持少年农学院建设，并多次带领专家到少年农学院指导工作。江苏省农业科学院还免费为少年农学院送去各种蔬菜种苗、兔子等动植物，并邀请少年农学院的小朋友到江苏省农业科学院体验生活，让他们走进农科殿堂，愉快地畅游在农业科学的世界里。我们帮助无锡市藕塘中心小学创办少年农学院的成功经验经过媒体报道后，在各地产生了很大的反响。目前我院正借助江苏省农学会、江苏省农技协等不断拓展青少年科普领域，将有更多的农业科技工作者参与到这项有意义的工作中来。

“一粒种子可以改变这个世界”，少年强则中国强。共建少年农学院，传承农耕文化，实现中华民族伟大复兴的中国梦，任重而道远。

易中懿

江苏省农业科学院院长、党委书记

前 言

这是写给那些怀揣科学梦想的小读者的一本科普读物。

小时候生活在农村，读过不少科普作品，我印象最深的是一本《当中华人民共和国成立100周年的时候》，这是一本科幻读物，充满奇想；稍大后又读过叶永烈主编的《十万个为什么》，这些书解开了我对自然的许多疑惑，至今家里还保藏着。是这些生动有趣的科普作品开启了我的科学人生，长大后，我成了一名农业科技工作者。在工作中，我也萌生了拿起笔，为小朋友、小读者写一些农业科普文章的愿望，如我所愿成了上海《少年科学》、江苏《未来科学家》等杂志的一名特约作者，发表了数十万字的科普作品，也收到了许多小读者的来信点赞。

2016年，时任无锡市藕塘中心小学校长的管国贤先生来到江苏省农业科学院，谈到创办少年农学院的构想，希望我能够为学校、为少年农学院写一本农学科普教材，这正与我多年的梦想相吻合。我欣然接受这一任务，设想用图文并茂、生动有趣的形式把农业科学这门博大精深的内容通俗易懂地表现出来。

《小小农学家》主要分成五大部分：第一部分以植物为重点介绍神奇的动植物、微生物世界；第二部分介绍农业的概念、内涵、现状等相关内容；第三部分介绍农业的过去和未来；第四部分介绍部分中外农业科学家；第五部分介绍十大类100个农业物种。最后是思考题：小朋友，展开你想象的翅膀吧——

全书既可系统阅读，也可随意翻阅，独立成章。

书稿写成后，经管国贤校长、刘艺慧校长及江苏省农业科学院多位专家把关修改，中国农业科学技术出版社老师精心编辑、设计，终于正式出版，呈现在小读者面前，在此一并致谢！

亲爱的小朋友，千百年来，农民在人们的心目中就是种庄稼的人，是和泥土打交道的人，是没有文化的人。但是，随着时代的变迁，这一切都发生了根本性的变化。农民成了令人羡慕的职业，农村成了人们向往的地方。如今的农村，生态环境优美，鸟语花香，现代化的农业机械取代了繁重的农业劳动，农业生产成了一门艺术，农业科技创新更是让人对未来农业充满了遐想。在一些发达国家，要成为职业农民必须通过专门的考试，才能跨进农业的门槛，在我国，要不了多久也一定会是这样。

小朋友，今天我先在你的小小心田里埋下一颗小小农学家的梦想，长大后，你们当中一定会有人成为祖国的农业栋梁！

李德新

2020年10月

目录 CONTENTS

第三章　农业的过去与未来

第四章　农业科学家

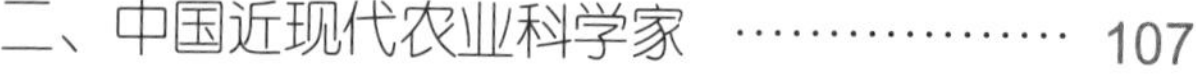

目录 CONTENTS

第一章

走进神奇的生物世界

我们生活在一个生趣盎然的地球上，地球上的生物世界是一个神奇梦幻的世界，有五彩缤纷的植物，有能跑能飞的动物，更有许多肉眼看不见的微生物。它们的神奇之处在于都是活的生命。

一、认识植物

植物是地球上最主要的生命形态之一。在植物界大家庭里，大约有350000个物种。低等的如苔藓植物、蕨类植物，这些植物结构简单，只能生活在水中或湿生环境中；高等植物是指根、茎、叶、花、种子全形态的种子植物。农业植物主要是种子植物。

植物的形态

根　根是植物体向下生长的器官。根通常埋藏在地下，固定植物体，从地下吸取大量的水分以及溶解在水中的营养物质供植物生长。有的植物，如榕树的枝干上会长出许多暴露在空气中的气生根，这些气生根也能起到吸收水分、氧气、支撑植物的作用。有的如甘薯、萝卜的根贮藏大量营养物质，人们就主要食用其根部。

茎　茎是植物体的躯干部分，具有输导营养物质和水分的作用，并支持叶、花和果实在一定空间均匀分布。植物的茎有的能长成参天大树，无比粗壮、坚固，能抗击台风，但有的茎像没有长骨头的蚯蚓，只能在地上爬行。也有的茎虽然柔弱，但能借助于其他物体，攀爬、缠绕向上生长。如我们经常看到菜园里的黄瓜、丝瓜、扁豆，农民伯伯必须给它们搭上架子，供其攀爬生长。

我们经常看到一种叫作爬山虎的植物，它是一种典型的攀附生长的藤本植物。爬山虎为什么会爬墙？原来在爬山虎的叶腋中能伸出五根枝状的细丝，每根细丝都像蜗牛的触角，分泌出一种偏酸性的黏液，它是靠化学的力量与石灰结合，相互黏合在墙上的，所以根本不用担心爬山虎会从墙上被风吹下来哦。

叶　叶子是植物的营养器官，是植物的营养生产车间。在这座最清洁的绿色厂房里，你虽然听不到隆隆的机器声，然而它的的确确在有条不紊地进行着一系列的生产活动：在阳光的照射下，叶子把空气中的二氧化碳和从根部吸上来的水合成淀粉和糖，为植物生长繁殖提供物质和能量保障，同时释放出氧气。因此，难怪有人说，森林不仅是一个能源库，一个食物加工厂，还是一个天然大氧吧。

叶子有各种不同的形状、大小、颜色和质感。大多数植物的叶子是扁平的，有较大的表面积，这样有利于获得更多的阳光。叶子中含有叶绿素和类胡萝卜素，它们的比例和对光的选择性吸收形成了叶子的各种颜色。

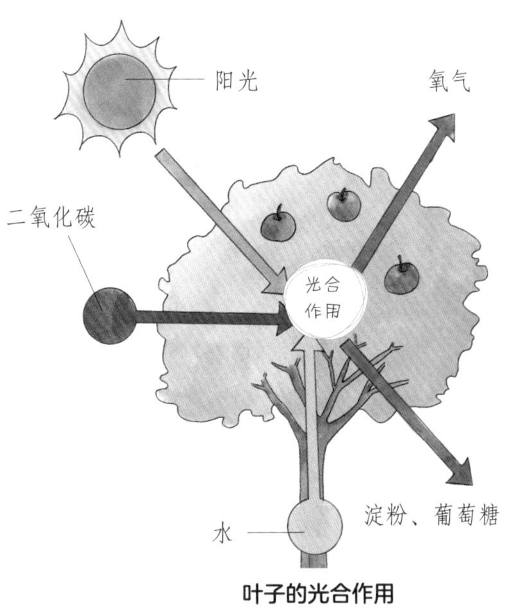

叶子的光合作用

一般的植物都有叶子，而仙人掌（柱、球）却看不到叶子，

其实仙人掌也是有叶子的，只不过它的叶子形态和普通植物的不同。仙人掌浑身的刺就是它的叶子。原来，仙人掌的老家在长期干旱少雨的沙漠地区，仙人掌为了能在沙漠中生存下去，它把宽大的叶子退化成了浑身的刺，这些刺面积很小，而且又硬又尖，身体里的水分不容易蒸发出去，这样就不会干枯而死了。同时，仙人掌身上的刺还能从空气中慢慢地吸收水分。因此，仙人掌的刺状叶子正是它适应生存环境的一种体现。

我们经常看到一些树木到了秋天叶子就会逐渐掉落，到了冬天则变成了光秃秃的树枝，春天又重新萌发，夏天绿荫葱葱。这是树木躲避严寒的习性。但也不是所有树种到了冬天都落叶，也有一些常绿树种如松柏，“大雪压青松，青松挺且直”，它们的叶子进化成针状，有较强的抗寒能力。在温暖的南方，有些阔叶树种如三角梅、柑橘等没有冬天落叶的习性，如果把它们移到寒冷的北方，冬天就要被冻死了。

花　花是植物的繁殖器官。许多植物都会开出鲜艳、芳香的花朵。

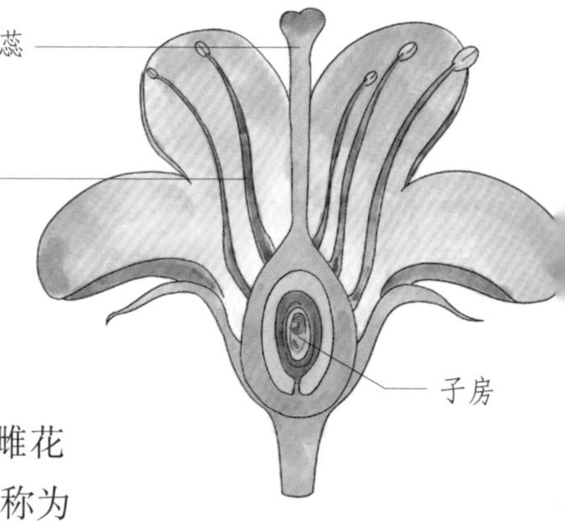

花的结构示意图

大多数植物的花都具有雌蕊和雄蕊，这在植物学上被称为“完全花”“两性花”或者“雌雄同花”。不过，也有一些植物的花是“不完全花”或“单性花”，即只有雄蕊或雌蕊的花。此种情况下，如果雌花与雄花分别生长在不同的植株上，则称为“雌雄异株”，如被称为活的生物化石的

▲

蜜蜂采花授粉

银杏就是雌雄异株，有雄银杏和雌银杏之分。这时雌雄银杏树就要搭配种植。相反，如果单性的雄花和雌花着生于同一植株上，则称为“雌雄同株”，像我们常见的南瓜、玉米等，就是雌雄同株。记得小时候妈妈常教我如何给南瓜、玉米授粉，只有授过粉的南瓜才能长得大，只有授过粉的玉米棒才能籽粒饱满。

花用它们的色彩和气味吸引昆虫来为自己传播花粉完成雌雄受精。当你看到昆虫在花间飞舞，这是它们在采集花蜜，也是在

果实

传播花粉。这是大自然最和谐、最有趣的故事。

果实　果实是植物花的雌蕊经受精，由子房发育而成的器官（相当于哺乳动物的胎盘）。果实内有种子，果实能够保护种子，为种子提供成长所需的养分。

果实与人类的生活关系极为密切。人们常吃的果品，其中包括苹果、桃、柑橘、葡萄以及瓜类等，它们的果肉里富含葡萄糖、果糖与蔗糖，以及各种无机盐、维生素等营养物质。

科学家研究还发现，植物花的雌蕊受精后，种子发育是刺激子房膨大结果的原因。能否在种子不发育的情况下，通过激素刺激使子房膨大结果呢？回答是肯定的。我们经常吃的无籽西瓜、无籽葡萄就是这样生产的。

种子　种子是由胚珠受精发育而成的繁殖体，包裹在果实内，是植物体孕育的新生“胎儿”，只要条件成熟，它就能长成一个新的植株。但也有种子如水稻、小麦、豆子等，外面没有果肉保护，人们虽然吃不到营养丰富的果肉，但其种子自身（胚乳或子叶）含有大量的淀粉、脂肪、蛋白质等营养物质，成为人们重要的粮食作物。

不同的种子还有各种适于传播或抵抗不良环境的结构，为植物的种族延续创造了良好的条件。种子有多种传播方式，如借助风力、水力传播，或在吸引动物取食果实过程中传播等。睡莲

种子

的果实成熟后沉入水底，在果皮腐烂后，包有海绵状外种皮的种子就会浮起来，漂到其他地方，重新生长。蒲公英的种子上有白色茸毛组成的茸球，可以借助风力随风飘荡，在别处生根发芽。走在草丛中，会有许多植物的种子或果实粘在衣服上，或黏附在其他动物的身上，被带到很远的地方，如鬼针草、雀榕、车前草等。栗子在果实成熟时，壳会突然爆裂，同时使种子弹射出去达到传播的效果。樱桃等植物是靠鸟类把种子吃进肚子里，随着消化排出在其他地方开始新一轮的生长。

休眠是植物种子的一个重要特性。一般野草种子为躲避不良的环境条件，延续生存，往往具有较长甚至数年的休眠时间，而一般农作物的种子则相对较短，播种后只要条件适宜就能马上萌发生长，这是长期人工选择的结果。

植物的生长

植物的生长和发育是由受精卵细胞开始的，经过细胞的分裂、分化形成组织、器官，进而长成植物体。从种子萌发到长成植株需要哪些条件呢？科学家经过研究发现主要有光、水、气、温、肥五要素。

植物生长的五大条件：
光、水、气、温、肥

光　万物生长靠太阳，植物需要在一定的阳光照射下,才能进行光合作用积累营养物质。一般植物的茎叶都有向光向上生长的习性。光照不足时植物生长不良。在现代化的植物工厂，采用人工光源，也能满足植物的生长需要。

也许有人要问，太阳光是由赤橙黄绿青蓝紫组成的，植物光合作用最喜欢什么颜色的光呢？你也许会说

植物工厂

肯定是绿色，那就大错特错了。原来绿色植物之所以是绿色，是因为叶片吸收了白光（含赤橙黄绿青蓝紫）中大部分光（红橙和蓝紫光），很少吸收或不吸收的绿光被反射到人眼中才让人看到绿色。

高等植物光合作用一般都是在叶绿体中进行的，叶绿体中色素分为两大类：叶绿素（含叶绿素a、叶绿素b）和类胡萝卜素（含叶黄素、胡萝卜素）。叶绿素主要吸收红橙蓝紫光，类胡萝卜素主要吸收蓝紫光。因此，植物工厂里的人工光源都是红橙蓝紫光。

水　水是生命之源，与其他生物一样，植物需要吸收水分（主要依靠根从土壤中吸收），才能进行新陈代谢，输送能量和营养物质。植物按照对水环境的要求分为4类。一是旱生植物：适宜较为干燥且有雨水的地区，不耐水涝，抗旱性较强，如大多数果树。二是中生植物：这一类植物品种最多，对干旱、湿涝有较好的适应性，如大多数旱生农作物。三是湿生植物：适宜生长环境为河岸或地下水位较高的地方，如水稻。四是水生植物：适宜于浅水挺水生长或深水中浮生的植物，如水生蔬菜等。

气 我们知道，植物的光合作用很重要，其实植物的呼吸作用同样重要。植物光合作用时吸收二氧化碳，放出氧气；植物呼吸时则需要吸收氧气，呼出二氧化碳。所以植物生长需要较好的通风条件。

温 植物只有在一定的温度环境条件下才能生长。如有的植物（水稻）怕冷，秋天就要成熟，植株枯死，而有的植物（小麦）则反之怕热，初夏就要成熟，植株枯死。由于不同的植物对温度的要求不一样，有的植物只能生长在温暖潮湿的南方，有的则只能生长在冬季寒冷干燥的北方。

肥 植物生长需要根从土壤中吸收大量的氮、磷、钾等多种营养元素和有机物质，所以必须向土壤中补充肥料。

土壤是植物生长发育的基础。土壤供给植物正常生长发育所需要的水、肥、气、热的能力，称土壤肥力。但土壤不是植物生长的必要条件，只要模仿土壤的环境，植物离开土壤也能生长，如采用人工基质无土栽培植物。

小朋友，懂得了植物生长的条件，就可以每人培育一棵你喜欢的植物了。

观察植物种子的萌发生长过程，就会发现一个有趣的现象：植物的根总是向下生长，植物的茎总是向上生长。这就是植物的向性。植物的根呈正向地性，向着地心吸力的方向生长，能深入泥土中，巩固在地上的植物体，并能从泥土中吸收水分及矿物盐。植物的茎呈负向地性，背离重力向上生长，使叶能吸收阳光进行光合作用。植物的向性是植物在进化过程中的适应现象之一，它为农业生产提供了很大方便，由于植物的根和茎具有向地性，所以播种时可以不管种子摆放的姿态。否则，人们只好弯腰曲背，将种子一粒一粒地正向播到土里,那可麻烦了！

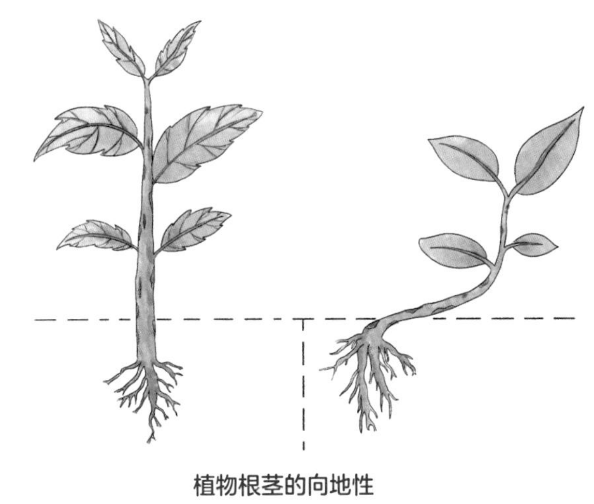

植物根茎的向地性

树苗长大后，根要吸收水分向上流，叶制造的光合物质要向下流，有人担心在树体内会不会产生流动紊乱或打架呢？这个问题问得好，其实这是两个通道。根从地下吸收的水分和营养主要通过树干里面的木质部分向上运输到叶、花、果，叶子光合作用制造的养分主要通过树皮向下运输至树的其他部位，如根系、花果。农民伯伯利用这一点，每年在果树果实膨大的盛果期，在果枝的基部用刀环剥或环割树皮，切断下流通道，让叶子制造的营养不回流到树根，只输送给花果，促进果实的发育，这样长出的果实又大又好。当然，受了伤的树皮，过一段时间也会愈合长好的。

植物的繁殖

植物产生同自己相似的新个体称为繁殖。这是植物繁衍后代、延续物种的一种自然现象，也是植物生命的基本特征之一。植物的繁殖主要分无性繁殖和有性繁殖两大类。

无性繁殖

“无心插柳柳成荫”。植物的一部分器官脱离母体后能重新分化发育成一个完整的植株的特性，叫作植物的“再生作用”。无性繁殖又叫营养繁殖，就是利用植物营养器官的这种再生能力来繁殖新个体的一种繁殖方法。营养繁殖的后代来自同一植物的营养体，它的个体发育不是重新开始，而是母体发育的继续，因此能保持母体的优良性状和特征。甘薯多是用块根或茎来繁殖；很多花卉苗木都可以用茎杆扦插繁殖。在南方，水稻成熟后，割去穗头，追施肥料，可以再长一季再生稻，就是用的无性繁殖法。

嫁接繁殖 嫁接繁殖是无性繁殖的一种方法。所谓嫁接其实就是“换头术”，即人们有目的地将一株植物上的枝条或芽，接到另一株植物的枝、干或根上，使之愈合生长在一起，形成一个新的植株。通过嫁接培育出的苗木称嫁接苗。用来嫁接的枝或芽叫接穗或接芽，承受接穗的植株叫砧木。一般是将优良植株上的芽嫁接到普通植株上，这个芽萌发后，能保持优良植株的性状。嫁接繁殖应用的地方很多，如用一个优良果树的枝头改良一片普通果树；利用葫芦能抗土壤中的枯萎病菌等优势，把西瓜芽嫁接

试管植物研究

到葫芦根上等。我们经常看到一棵树上开不同的花、结不同的果，都是利用了嫁接技术。

小朋友，其实植物的“换头术”并不难，何不亲手做一次嫁接试验呢?

组织培养　植物的组织培养是根据植物细胞全能性理论发展起来的一项无性繁殖的新技术。19世纪30年代，德国植物学家施莱登和德国动物学家施旺创立了细胞学说，根据这一学说，如果给细胞提供和生物体内一样的条件，每个细胞都应该能够独立生活。1902年德国植物学家哈伯兰特创建细胞全能性的理论，人们开始植物组织培养探索。1958年美国植物学家斯蒂瓦特等人，用胡萝卜韧皮部的细胞进行培养，终于得到了完整植株，并且这一植株能够开花结果，证实了哈伯兰特在50多年前关于细胞全能的预言。现在植物组织培养已在生产上广泛应用，凭借一枝一叶，就能繁殖成一座花园。

有性繁殖

植物的有性生殖一般是指由亲代产生生殖器官（花）和生殖细胞，通过两性生殖细胞（雌蕊和雄蕊）的结合，成为受精卵，进而发育成新个体——种子的生殖方式。

在有性繁殖过程中，容易发生基因重组，产生变异，从而出现新的物种。原来，农业科学家正是通过调控植物的有性繁殖过程来培育农作物新品种的。

植物的相克相生

将两种植物种在一起，常常出现这样一些有趣的现象。有些表现“相亲相爱”，相互助长；有些则冤家对头，“八字相克”，搞得不是一方受害，就是两败俱伤。这种现象就是植物间的相克相生行为。

如果把蓖麻和芥菜种在一起，虽然前者要比后者粗壮许多，但前者下部的叶子会大量枯黄而逐渐死去。如果让番茄和黄瓜生活在同一个“房子”里，它们就会彼此天天“赌气”，不好好地生长，因而导致减产。如果甘蓝和芹菜间种，两者生长都不会好，甚至死亡。在葡萄园种甘蓝，葡萄的生长就会受到抑制。在森林里，如果栎树和榆树碰到一起，那么就会发现栎树的枝条会背向榆树弯曲生长，力求远避这个“坏邻居”。

如果韭菜和甘蓝间行种植，就能使甘蓝的根腐病减轻。这是由于韭菜会产生一种浓烈的特殊的怪味，能驱虫杀菌。因此，韭菜常常是许多植物的好朋友。大蒜和棉花、大白菜等间行种植，大蒜所挥发出来的大蒜素，既能杀菌，又能赶走害虫。所以，大蒜和棉花、大白菜等植物能“相亲相爱”过一生。

各种植物间的这种相克相生的关系是极其复杂的，研究它们的关系及其奥秘，对于发展农业生产，提高农作物的产量，从而获得丰收是很有意义的。

植物的寿命

植物的寿命主要指植物体从种子萌发到长大成熟产生新种子，至植株死亡的时间。

一般草本植物、禾本科植物的寿命较短，多为一年生或两年生，如水稻春天温度上升时播种，秋天随着气温下降、日照变短种子成熟植株枯死，有趣的是有些早播水稻成熟也早，如果把稻穗割去，追施肥料，它的植株又可以继续生长，再收一茬水稻，这就是再生稻，再生稻显然延长了生命周期。小麦、油菜喜凉怕热，主要在秋天播种，越过漫长的冬季，第二年初夏成熟收获。

树木的寿命明显长于其他植物。在高大的乔木中，松树、柏树、杉树等寿命又明显长于果树、油茶树等经济作物。人们已经知道，苹果、葡萄、梨、枣、核桃树的寿命在100～400年；槭树、榆树、桦树、樟树等在500～800年；松树、雪松、柏树、银杏、云杉、巨杉等在1500～4000年，如果环境条件许可，无火灾、旱灾及病虫害，它们甚至可以活得更长。

树的年轮是岁月的记号。在树干的横截面上可以看到许多同

树的年轮是岁月的记号

心圆环，植物学上称为年轮。年轮是树木在生长过程中受季节影响形成的，一年产生一轮。因此从主干基部年轮的数目，就可以了解这棵树的年龄。气象学上，还可通过年轮的宽窄了解各年的气候状况，利用年轮上的信息可推测出几千年来的气候变迁情况。年轮宽表示那年光照充足，风调雨顺；若年轮较窄，则表示那年温度低、雨量少、气候恶劣。如果某地气候优劣有过一定的周期性，反映在年轮上也会出现相应的宽窄周期性变化。

银杏是地球上的“老寿星”“活化石”，据说最老的一棵银杏树已经活了12000多岁。银杏从远古的恐龙时期活到了现在，只是生存范围不断缩小，大约在500万年前，银杏从北美洲灭绝；大约在260万年前，银杏从欧洲灭绝，在冰河世纪时，全球几乎所有的银杏都灭绝了，只有我国部分地区存在着极为少量的银杏，所以目前全世界所有的银杏都是我国银杏的后代。然而科学家通过对我国东部、南部、西南部地区的野生银杏林查看发现，在野外已经有10年左右没有发现天然更新的银杏幼苗了，只有成年个体，这意味着银杏后代几乎以断层式消失。因此，它们的处境非常危险，属于濒危物种，而大熊猫则属于易危物种，也就是说它们的处境比大熊猫还艰难。造成这种状况的原因，可能是以银杏为食的生物（恐龙）走向了灭绝，导致自然界中它们的种子很难传播得更远。再加上银杏的成长期非常长，需要20～30年才会结果，以至于现如今的银杏很难竞争过目前的植物霸主被子植物。但它们幸运的是遇到了人类，目前有一批植物学家正在努力保护它们的野外个体。

植物的家谱

地球上的生物浩如烟海。如何区分每一个物种，生物学家根据其形态特点及亲缘远近，把地球上形形色色的生物分类归纳，建立了一套分类方法，通过界、门、纲、目、科、属、种这7个主要层次，使任何一个物种都能够纳入相应的类别中，从而让人们可以很方便地知道某一物种与别的物种之间的差别和关系，所有的植物就都归于植物界这个大家族里，每一种植物都可以载入植物家谱中。植物的名称各地有不同的叫法，这很麻烦，为了统一起来，科学家采用双名命名法给每一种植物用拉丁文起一个学名，第一个词是属名，相当于“姓”，第二个词是种加词，相当于“名”。一个完整的学名还需要加上最早给这个植物命名的作者名。因此，属名＋种加词＋命名人名是一个完整学名的写法。例如，银杏的种名为*Ginkgo biloba* L.。小读者中不乏生物爱好者，说不定将来哪一天也会发现新物种，并且为它命名，成为名垂青史的人物呢。

禾本科家族——最重要的农业类植物

知道了植物的家谱，我们就来说说最重要的农业类植物——禾本科家族。禾本科是一类草本植物，有相同的特征：它们都有挺直的身姿，都有中空有节的茎秆，都有纤长的叶片，叶片上的叶脉都呈平行排列；它们的根都属于须根系，也就是没有一根粗大的主根深扎入土壤，而是由无数粗细相似的根像胡须一般从根的基部长出来；它们的花都很不起眼，不注意的话似乎没见过它们开花，它们主要靠风来传播花粉，是风媒花植物。为什么说禾本科家族是最重要的农业类植物呢？原来我们人类赖以生存的粮食作物多半都是禾本科植物。如我们所吃的大米，其实是剥去外壳后的水稻种子。水稻属于禾本科，稻亚科中的稻属。再如大小麦、玉米、高粱、谷子这些粮食作物，都是禾本科的成员。不光是人类的粮食，食草牲畜如牛、羊、马、驴所吃的牧草，也多半是禾本科的。还有竹子、甘蔗，也是禾本科的重要成员。竹子的幼芽就是竹笋，是我们喜食的菜蔬，竹材在工农业生产上也有很多的用途。不要小看了甘蔗，在人类没有发现并种植甘蔗之前，我们的生活并没有如今这样甜蜜，因为那时候人类的唯一糖源就是蜂蜜，品尝甜味是人类的至高享受之一啊。

二、有趣的动物

什么是动物

动物是生物界中的一大类，一般不能将无机物合成有机物，只能以有机物（植物、动物或微生物）为食料，因此具有与植物不同的形态结构和生理功能，需要进行摄食、消化、吸收、呼吸、循环、排泄、感觉、运动和繁殖等生命活动。动物有大有小，不同的种类数量有多有少。有的可以在空中飞翔，有的可以在陆地上爬行或奔跑，有的可以在浩瀚的海洋中生活。

国宝熊猫

动物的进化

地球早期的生命只在有水的环境中才能生存，最早的海洋动物是无脊椎动物。直到5亿年前，最早的脊椎动物才在海洋中出现。

最早的两栖动物是从鱼类进化而来的脊椎动物，身体还长着尾巴和类似鱼鳞的鳞片。它们主要在海洋中生活，有时也会到陆地上行走。

最早的爬虫类出现在石炭纪，是由两栖动物进化而来的。它们偏好生活在干燥的地方，并且快速地扩大活动范围，地球上随处可见它们的身影，如体型庞大的恐龙在地球上统治了几千万年的时间。至于恐龙是如何灭绝的，是因为小行星碰撞，造成地球自然灾害，还是因为其他原因，至今仍然是个谜。

早期的哺乳动物与爬虫类相比，体型小、不强壮。但是，当恐龙和其他爬虫类动物灭绝后，哺乳动物就扩大栖息地，逐渐统治陆地，它们的体态也开始向多样化方向发展。

人类是最高等的动物。从猿到人是如何进化的呢？古代的类

恐龙时代

人猿最初成群地生活在热带和亚热带森林中，后来一部分古猿为寻找食物下到地面活动，逐渐学会用两脚直立行走,前肢则解放出来,并能使用石块或木棒等工具，最后终于发展到用手制造工具。与此同时，在体质上，包括大脑都得到相应的发展，出现了人类的各种特征。从此，人类成了地球真正的主人和统治者。

生物食物链

“食物链”一词是英国动物生态学家埃尔顿(C.S.Eiton)于1927年首次提出的。生态系统中贮存于有机物中的化学能在生态系统中层层传导，通俗地讲，是各种生物通过一系列吃与被吃的关系，把这种生物与那种生物紧密地联系起来，这种生物之间以食物营养关系彼此联系起来的序列，就像一条链子一样，一环扣一环，在生态学上被称为食物链。

生物食物链

在食物链上，食草动物处于最底层，称为第一级消费者，它们吞食植物而得到自己需要的营养和能量，这一类动物如一些昆虫、鼠类、野猪，一直到大象。食草动物又可被食肉动物所捕食，这些食肉动物称为第二级消费者，如瓢虫以蚜虫为食，黄鼠狼吃鼠类等，这样瓢虫和黄鼠狼等又可称为第一级食肉者。又有一些捕食小型食肉动物的大型食肉动物如狐狸、狼、蛇等，称为第三级消费者或第二级食肉者。又有以第二级食肉动物为食物的如狮、虎、豹、鹰等猛兽猛禽，就是第四级消费者或第三级食肉者。

昆虫——数量最大的动物种类

昆虫是世界上最繁盛的动物，已发现100多万种，比所有其他动物种类加起来都多。昆虫的身体分为头、胸、腹三部分。成虫通常有2对翅和6条腿，翅和足都位于胸部，身体由一系列体节构成，进一步集合成3个体段（头、胸和腹）。一对触角头上生，骨骼包在体外部。昆虫一生有卵、幼虫、蛹、成虫多形态变化。

昆虫体型虽小，感官却很发达。它们拥有比许多大型动物更为灵敏的感觉，可以看到人眼看不到的光线，听到人耳听不到的声音，嗅到百米之外的同伴的气味。

蝗虫

眼睛　昆虫的眼睛包括单眼和复眼，复眼由许多六角形的小眼组成，能看见人类和绝大多数动物都看不到的紫外线，而有些花瓣可以反射紫外线，昆虫就能依靠这种独特的视觉，根据紫外线的变化找到花蜜和花粉。

耳朵　有些昆虫的耳朵长得很奇怪，如蟋蟀的耳朵就是它们每条前足膝盖以下一块呈鼓膜状的隆起，能听到其他蟋蟀求偶的声音；飞蛾的耳朵长在腹部，可以听到蝙蝠靠近的声音。

触角　多数昆虫在两只复眼的中上方都有一对触角，触角是昆虫的主要感觉器官，帮助昆虫探明前方是否有障碍物，寻找食物和配偶。有些昆虫也经常用触角与同伴交流信息。

口器　口器是昆虫的嘴，担负着取食的重任。因为食物不同，不同的昆虫也就具有不同类型的口器，如蝗虫的咀嚼式口器，蚊、蝉的刺吸式口器，家蝇的舐吸式口器等。

昆虫在生物圈中扮演着很重要的角色。虫媒花需要得到昆虫的帮助，才能传播花粉。而蜜蜂采集的蜂蜜，也是人们喜欢的食品之一。

但昆虫也可能对人类产生威胁，如蝗虫和白蚁。鳞翅目的昆虫，如蛾类、蝶类几乎都是农业害虫，其幼虫都为害农作物。要研究农业就必须研究农业昆虫，只有了解它们的特性，才能掌握防治它们的方法。

这里再说一说小朋友最熟悉的昆虫之一——蝉。蝉就是知了，蝉到底是益虫还是害虫？蝉幼虫躲在土下面，靠吸食植物根部的汁液维持生命，还会将产卵器插入幼嫩树枝的木质部里产卵，成虫靠吸食树汁和树浆为食。所以对植物来说，蝉当然是害虫。20世纪60年代初，南美洲曾发生过一次蝉灾，郁郁葱葱的森

黑蚱蝉

林变成了簇簇蜡黄的枯枝败叶。后来，引进了一种食蝉鸟，才控制了灾害的蔓延。

炎热的夏天，蝉的叫声让人耳烦。蝉为什么要叫呢？原来，蝉最重要的任务莫过于繁殖后代，而在求偶时最重要的事情就是鸣叫，蝉鸣不使用嘴，雄蝉腹部有专门的发声器官，靠震动鼓膜来产生响亮的声音，可传递1000米之遥。而雌蝉不会鸣叫，当它听到雄蝉的“召唤”之后，前来相会，完成交配，之后雄蝉就悄然死去，雌蝉在产完卵后也相继死去。

大多数昆虫对植物来说是害虫，但由于昆虫具有蛋白质含量高、蛋白纤维少、营养成分易被人体吸收、繁殖世代短、繁殖指数高、适于工厂化生产、资源丰富等特点，如蚕蛹、黄粉虫、金蝉、蝇蛆等，只要做好环境控制，均可进行人工饲养。专家认为，昆虫是人类未来重要的食物资源，具有巨大的开发前景。

小朋友，你准备好了吗？各种味道鲜美、营养丰富的昆虫食品正向我们走来哦。

卵生动物与蛋的秘密

动物主要有卵生、胎生两种生殖方式。一般的鸟类、爬虫类，大部分的鱼类和昆虫几乎都是卵生动物。如鸡、鸭、鱼、青蛙、乌龟、蝴蝶等都是卵生动物。卵生动物产下卵(蛋)后，经过孵化，变成动物幼体。卵生动物卵细胞的最大特点在于“干粮自备”，而不是胎生动物必须在母体里通过脐带吸收母体的营养生长。

鸡蛋、鸟蛋是带壳的卵。小朋友们知道蛋的秘密吗?

以鸡蛋为例：在母鸡的卵巢内，血管把蛋白质、脂肪、维生素、矿物质等胚胎发育所必需的营养注入卵母细胞的细胞膜内，10多天后，装满蛋黄液的卵母细胞离开卵巢，进行减数分裂。而卵母细胞为了保证卵子质量，分裂后只有一个细胞继承了所有的蛋黄液，发展成鸡蛋黄。它的的确确就是一个超大生殖细胞，尽管细胞核依然小得看不到，不过还是可以大概判定它的所在位置——浮于蛋黄上的白色的胚珠内。蛋黄是蛋的精华，需要10多天才成形，而从蛋黄到鸡蛋则仅需一昼夜时间。在输卵管中被大量的蛋白液包裹，同时利用钙盐在卵壳膜外堆积成蛋壳。进入子宫后，随着母鸡肌肉强有力的收缩，一枚鸡蛋离开母体，诞生了。未受精卵的鸡蛋就是超大营养细胞，并不是一个小生命，所以我们吃它不应该觉得残忍。

如果是受精卵，情况就不一样了。鸡蛋形成离开母体时，里面已经有成百上千的细胞形成。蛋

鸡和蛋

黄上的小白点发育成了胚胎。受精的鸡蛋生出后停止发育，只有给予蛋合适的孵化条件，胚胎才会汲取蛋黄的营养继续发育，形成血管、心脏、神经，以及各个器官。在胚胎发育的后期，胚胎除了从蛋黄获取营养外，还会大量吸收蛋白以加速体重的增加和羽毛的形成。经过20～21天的孵化，小鸡就会破壳而出了。

超低温冷冻——动物繁育研究的大门

胎生动物怎样研究呢？肯定是从胎儿发育开始。而超低温冷冻技术是开启胎儿研究的大门。

每当隆冬到来的时候，我们常常看到许多生物被冻死了。那么，当温度降到很低很低时，生物是不是一定会被冻死呢？

实验结果表明，各种生物只要安全通过了−50～5℃这样一个“死亡区域”，尔后温度继续下降到−196℃以下（称超低温）时，细胞并不会死亡，它的一切组织仍会完好无损地保持着，只是标志生命的一切活动暂时“冻结”“停止”，处于昏迷状态；若再回到常温时，细胞便会苏醒，恢复原来的一切功能。

动物胚胎移植

科学家掌握了这一秘密以后，经过长期研究，逐步发展形成了一门新的学科——超低温冷冻技术。自从把超低温

优良种畜

冷冻技术应用于畜牧业以后，畜牧业便发生了巨大的变化。

首先是冷冻精子库的建立，即把优良的雄性种畜的精子取出来，把它放在超低温的条件下保存起来，一旦需要配种时，仅需把冷冻精子恢复到常温，便可配种繁殖。这样，只要保存好了冷冻精子，任何时间（即使雄畜已死亡）都能大量地进行配种繁殖，从而使牲畜配种摆脱了以往常受雄性良种畜限制的不利条件，既方便，又节约。

冷冻精子技术虽然给牲畜的人工繁殖带来了很大的方便，但这只解决了雄性一个方面的问题，因此，科学家又开展了受精卵的低温保存研究。他们成功地把优良种畜的成熟卵子和精子取出来，在体外进行人工受精，然后保存在超低温的条件下，需要时，可恢复到常温，把受精卵移植到普通品种或异种牲畜的子宫

内（如湖羊的受精卵移植到山羊或牛的子宫内），借腹怀胎，繁殖我们所需要的优良牲畜。

受精卵冷冻技术的研究成功，不仅完全摆脱了时间（雌雄种畜均死亡）、地点（相距甚远的地方引种）的限制，而且可以大大提高其繁殖速率。例如，乳牛的繁殖周期大约是280天，一年只能生一头小牛；若采用受精卵冷冻法把良种牛的受精卵注入到普通母牛的子宫内，这一对纯良种牛，通过超数排卵等技术就可以同时繁育出多头纯良种小牛，一年就可以繁殖若干头。

目前，科学家正在进一步研究如何把更大一点的胚胎进行冷冻处理。因为从大胚胎身上可以鉴别出性别和遗传方面的缺陷。这样人们便可以自由地控制良畜繁殖对象的性别，提高其品质。这对于多产奶牛、奶山羊来说，其意义尤为重大。

动物里的数学家

动物世界有许多奇妙的现象。

在黄金矩形（宽长之比为0.618的矩形）里靠着三边做成一个正方形，剩下的那部分则又是一个黄金矩形，可以依次再做成正方形。将这些正方形中心都按顺序连结，可得到一条“黄金螺线”。而海洋学家发现，在鹦鹉螺的身上，在一些动物角质体上，或有甲壳的软体动物身上，都曾发现有“黄金螺线”。

科学家另外发现，珊瑚虫可以在自己身上巧妙地记住“日历”，它们每年都在自己的体壁上刻画出365条环纹，即一天“画”一条；更奇怪的是，古生物学家也发现，在3.5亿年前的珊瑚虫每年所“画”出来的环纹是400条。这是为何呢？天文学家告诉我们，那时地球自转一天仅有21.9小时，一年不是365天，而为400天。由此可见珊瑚虫可以根据天象的变化来“计算”“记载”一

鹦鹉螺的壳

年的时间，结果十分精确。

我们知道，蜘蛛依靠织网捕食昆虫。蜘蛛织网的方式很特别，它把网分成若干等份，同一类蜘蛛所分的份数是相同的。蜘蛛织网的时候，我们只见它向各个方向乱跳，似乎毫无规则，但是这种无规则的工作的结果是造出一个规则而美丽的网。

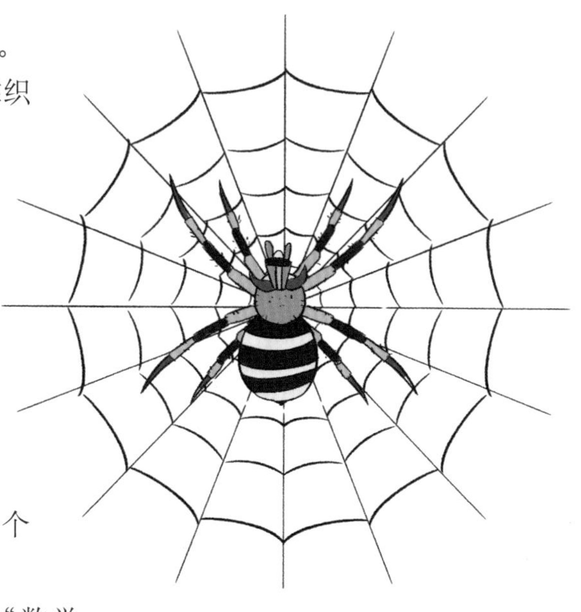
蜘蛛网

蚂蚁同样是出色的“数学家”。英国科学家亨斯顿曾做过一个有趣的实验：他将一只死蚱蜢切为三块，第二块比第一块大一倍、第三块又比第二块大一倍，在蚂蚁发现那三块食物40分钟之后，聚集在最小一块蚱蜢地方的蚂蚁仅有28只，第二块却有44只，第三块竟有89只，后一组差不多比前一组多一倍。

蜜蜂可以算得上是“天才数学家和工程设计师”。工蜂所建造的蜂巢相当奇妙。它所建蜂巢底部的菱形的钝角全部都是109°28′，所有的锐角都等于20°32′。经过数学家理论上计算，若要消耗最少的材料，而制成最大的菱形也正是这种角度。

神奇的蜂巢

大家都来保护野生动物

近几十年来，由于人类的活动和发展，特别是过度开发，使动物的生存环境受到巨大威胁。许多野生动物因被作为“皮可穿、毛可用、肉可食、器官可入药”的开发利用对象而遭灭顶之灾。象的牙、犀的角、虎的皮、熊的胆、鸟的羽、海龟的蛋、海豹的油、藏羚羊的绒……更多更多的是野生动物的肉，无不成为人类待价而沽的商品。大肆捕杀地球上最大的动物——鲸，就是为了食用鲸油和生产宠物食品；残忍地捕捉已进化4亿年之久的软骨鱼类鲨，它们被割鳍后抛弃，只是为满足人们品尝鱼翅这道所谓的“美食”。

野生动物是我们人类的朋友。各种各样的生物构成了多姿多彩的世界，环环相扣的生物链，维系着物种间天然的数量平衡。我们人类以及赖以生存的一切生命都处在这个生态平衡系统当中，这个平衡系统只要有一环脱节，后果就是严重的。一个野生物种的衰退或消失就会威胁到其他物种的生存，最终将危及人类自身的生存。所以保护野生动物就是保护我们人类自身。

三、显微镜下的微生物

什么是微生物

微生物是一切肉眼看不见或看不清的微小生物，个体微小，结构简单，通常要用光学显微镜和电子显微镜才能看清楚的生物，统称为微生物。试想一下，每毫升腐败的牛奶

◀细菌

中约有50亿个细菌，可见微生物是多么的微小（但有些微生物生命周期中的某些时段是肉眼可以看见的，像属于真菌的蘑菇、灵芝等）。微生物包括细菌、病毒、霉菌、酵母菌等。病毒是一类由核酸和蛋白质等少数几种成分组成的“非细胞生物”，但是它的生存必须依赖于活细胞。微生物无处不在，充斥了地球表面整个生态圈。2020年新冠肺炎疫情就是一种极其微小的微生物——新冠病毒在作怪。但不是说所有微生物都是有害的，也有许多有益的微生物，可以说离开了微生物，动物、植物及我们人类都是生存不下去的。

土壤，微生物的大本营

土壤是微生物生存的圣地，因为土壤中具备各种营养条件、空气和水分，所以土壤内微生物的种类最多，数量最大。尤其是耕作土壤中含有各种动植物残体及人工施入的大量有机肥料，有机质特别丰富，就更适合微生物的生长、繁殖了。据估计，耕作土1克肥沃表土内所含细菌数可高达1亿。

土壤既然是微生物的主要活动场所，那么人类就常能从土壤中分离得到一些有益的菌类。事实上，绝大多数产生抗生素的放线菌都来自土壤。土壤可以提供微生物研究或应用的各方面的菌种。

土壤中的绝大多数菌类都是腐生菌，这类菌不依靠活寄主生存，它们可以自由地生活在土壤和其他场所，从已死的有机物中吸取养分而生存。由于腐生菌能够分解各种有机物（如植物秸秆、动物尸体），变成可以让作物利用的营养物质，所以这类菌的存在对作物生长是极为有利的。土壤肥力的高低与这类菌的数量有很大的关系。

土壤中还有一些菌类喜欢与高等植物共生。最典型的例子就是根瘤菌与豆科植物的共生。根瘤菌的主要生理特点是固氮作用。根瘤菌可以自由地生存在土壤中，但不固氮，当它们遇到豆科植物的根和受到根分泌物的吸引时，可以从根毛侵入到根内。受到侵染的根细胞受刺激后不断分裂，最后形成根瘤，根瘤能固定大气中的氮。这样，根瘤细菌固定大气中的氮素供豆科植物生长，豆科植物的光合作用又可为根瘤菌提供能量和其他营养，二者配合得十分协调。正因为豆科作物的根瘤菌有固氮作用，所以长豆子的农田会越种越肥。

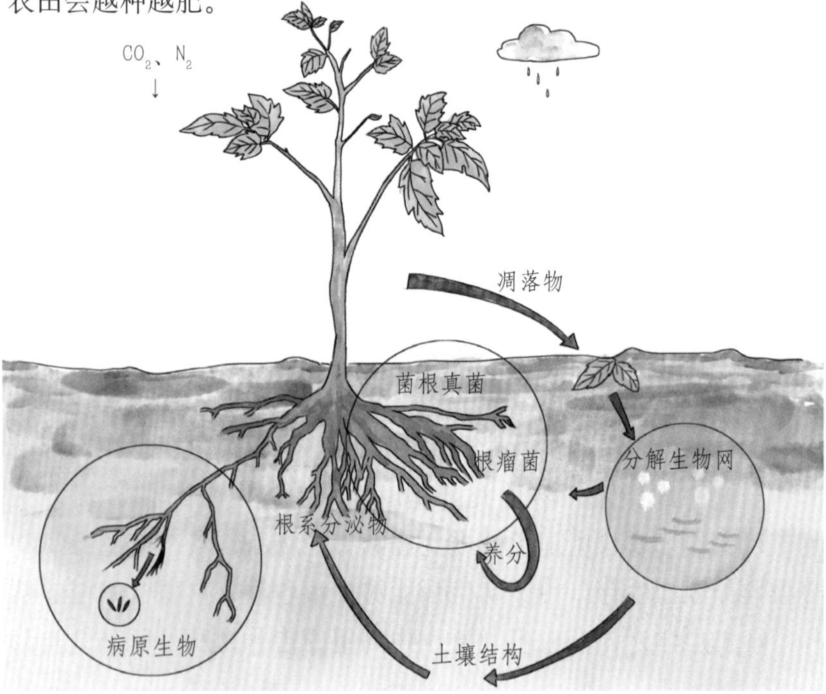

土壤微生物与植物的关系

微生物与食品

微生物与食品的关系十分密切。我们经常看到许多食品，其上长了许多花花绿绿的菌毛。这种被微生物污染了的食品，特别是霉变了的食品，是千万不能吃的。因为它可能带有各种病原菌，直接威胁人体健康。

要控制食品污染，必须从原料到产品生产各个环节都要注意清洁卫生，把污染菌的数量尽可能降到最低限度。同时要做好消毒和灭菌工作。常用的方法有热蒸汽、热水、热空气和化学药剂。常见的消毒剂有氯化物、碘或碘化物、氨化物等。此外，紫外线、γ 射线也可有效杀死污染食品的有害微生物。当然我们每天把吃剩的饭菜用保鲜膜蒙上，放进冰箱，也是阻断微生物交叉污染的措施之一。

霉菌会污染食品，但食品的生产加工还得请微生物帮忙。乳酪是一种乳制品，由乳酸菌发酵乳制成。用乳酸发酵加工的乳制品还有酸奶、酸奶油等。面包是靠酵母菌发酵面粉制成的。用微生物加工食品的种类还有很多，如利用明串珠菌和乳杆菌在厌氧条件下制成酸菜，用啤酒酵母及其他酵母菌制作啤酒、葡萄酒等酒类及饮料，用醋酸菌制醋等。

无所不能的细菌

如果有人说“细菌会织布”“细菌能发电”……恐怕多数

人都不相信，认为这简直是天方夜谭，甚至有人认为，这纯粹是在说梦话。其实，科学家们研究发现，细菌果真是微生物王国里的能工巧匠，它们不仅会织布、能发电，还会生产塑料、冶炼金属、勘探石油呢!

细菌中的织布能手名叫胶醋杆菌。它织布的方法十分特别，既不用棉纱，也不用织布梭子，而是用培养液中的葡萄糖和其他营养作原料。放入选好的菌种，然后调节适宜的温度，于是，细菌就会在这样舒适的环境下迅速繁殖生长，很快在培养液表面巧妙地编织形成厚厚的一层菌膜。如果把这层刚织好的菌膜进行干燥，就会看到它的样子酷似一块质地柔软、坚韧、致密的布。

细菌的繁殖速度相当惊人，一个细菌平均每小时可以繁殖1亿个新细菌，每天可织出3～4厘米长的布。当老的细菌死去时，新的细菌就会接它的班继续织下去。利用这种方法织出的布可以说是天衣无缝、美妙绝伦，尤其最适合做医疗上用的绷带，能促使伤口加快愈合，疗效十分显著。

我们再来看看细菌是如何发电的。

科学家们研制成功了一种细菌电池。这种细菌电池是利用了细菌的生长繁殖和新陈代谢活动产生的负离子。通常情况下，负离子是只供细菌自己生长用的，但是科学家们在培养液中加入一种特殊物质时，负离子就可以从细菌体上分离出一部分，它们聚集到电池的阳极，此时若接上导线，便在阳极和阴极之间产生了电流。美国科学家正在为宇宙飞船设计一个密闭的生态循环系统，其主要组成就是细菌电池，它在太阳能的光合作用配合下，将宇航员呼出的二氧化碳和排出的粪便重新组合，产生的氧气供人体呼吸，排出的尿也进入细菌电池产生电力，形成宇宙飞船内的“生态链”。

此外，在冶金方面，传统的火冶炼法因耗能多、污染重、效率低，将逐渐被淘汰，取而代之的是微生物的浸出法。不久的将来，各种金属的浸出菌种会被发现，它们在金属冶炼中将大显身手。

看来，小小的细菌的确是无所不能的能工巧匠啊。

比细菌还要小的病毒

病毒小，它小到什么程度呢？

如果我们把一个病毒和一个气球相比，它们的直径差距大概是1000万倍。大概相当于我们拿一个气球，跟地球比大小。

病毒虽小，但能量很大，一旦进入到适合它的活细胞里，就能以极高的速度快速繁殖，使生物体发病直至死亡。正因为病毒的这种毒性，人们把这种超小的微生物叫作“病毒”。自然界中有各种各样的病毒，怎样才能预防病毒不生病呢？这得靠疫苗来帮忙。生物体本身有一套免疫系统，一旦受到病原体的攻击，自身就会产生抗性，消灭病毒。但是当一些新型超强病毒来袭时，生物体内往往来不及识别病毒，并组织有效的防控力量消灭病毒。疫苗就是把病原体（病毒）通过脱毒或灭活处理，使病原体丧失毒性，然后注射到人或动物的肌体内，使生物体对该种病毒预先产生抗体，并对这种病毒有记忆能力，以后如果真病毒来攻击时，生物体就可以马上组织有效的力量来杀灭病毒。采用疫苗来防疫说起来简单，其实是一个极其复杂而又庞大的工程。

任何事物都是一分为二的，病毒有时也可以用来为人类服务。如在自然界有很多有害细菌，而且这些细菌对抗生素产生了很强的抗药性成为超级细菌。有一类叫作噬菌体的病毒，可以帮助我们成为专门对付超级细菌或者其他有害细菌的“大规模杀伤性武器”。

蓝藻也是微生物

住在太湖边的人对蓝藻都不陌生，每年夏天太湖的水都会变成蓝蓝的一片。其实蓝藻也是微生物，是原核生物，所有的蓝藻都含有一种特殊的蓝色色素，蓝藻就是因此得名。但是蓝藻也不全是蓝色的，不同的蓝藻含有一些不同的色素，红海就是由于水中含有大量藻红素的蓝藻，使海水呈现出红色。蓝藻也能像植物一样进行光合作用。

在一些营养丰富的水体中，有些蓝藻常于夏季大量繁殖，并在水面形成一层蓝绿色而有腥臭味的浮沫，称为“水华”，大规模的蓝藻暴发，被称为“绿潮”（和海洋发生的赤潮对应）。绿潮引起水质恶化，严重时耗尽水中氧气而造成鱼类的死亡。更为严重的是，蓝藻中有些种类（如微囊藻）还会产生毒素，直接对鱼类、人畜产生毒害，也是肝癌的重要诱因。

蓝藻暴发是水质严重富营养化造成的。农田过量使用化肥、水体养鱼过量投入饵料，以及生活污水排放都会导致水体污染，要治理蓝藻必须从源头上解决问题。

四、生物圈的奇妙组合

生物界包括植物、动物和微生物三大类。

植物和动物都是有真核细胞的多细胞生物，但是植物的细胞有细胞壁，绝大多数植物不可以自由运动，而动物细胞没有细胞壁，绝大多数动物都可以自由运动。

微生物是除了动物和植物以外的全部生物的总称，现代定义：微生物是一切肉眼看不见或看不清的微小生物，包括细菌、病毒、真菌，以及一些小型的原生动物、显微藻类等在内的一大类生物群体。

生物地球

各种生物与地球共同组成一个巨大的生物圈。

植物、动物、微生物三者之间的关系从宏观方面来说，是生产者、消费者和分解者的关系，也可以说是制造工、搬运工和清洁工的关系。

植物——生产者（制造工）

植物能利用光合作用把二氧化碳和水、无机盐合成有机物，积累能量，是自养生物。它是地球上有机物和生物能的源泉。有一种学说，煤是远古时代繁盛的植物及其堆积物在地壳变迁中被埋在地下，经过长期高温、高压的复杂碳化过程而形成的；石油和天然气是远古时代湖泊及海洋中的动物、微生物及其沉积物被地壳变迁埋于地下，经过长期的高温、高压地质作用而形成的。

动物——消费者（搬运工）

动物一般不能将无机物合成有机物，只能以取食有机物（植物、动物或微生物）为食料，是异养生物。它是地球上生物质和生物能传导链上的一个环节，从一个地方迁移到另一个地方。

微生物——分解者（清洁工）

微生物多以有机物为生，分解植物、动物尸体，是大自然的清洁工。它是地球上生物质和生物能传导链循环闭合的保证。当然，微生物是一个很大的群体，其中也有许多种类如藻类能够进行光合作用，像植物一样利用光能，自己生长繁殖。

从微观上说，动物与植物之间是取食和被取食的关系，动植物与微生物之间的关系由于人的肉眼无法看见，不易被人发觉，其相互关系也更为复杂，主要有共生互补关系、寄生关系和腐生关系。微生物与动植物共生时，对动植物有益；微生物寄生在动植物体上时，则引起动物、植物发病，显然对动植物有害；腐生微生物通过分解动植物尸体，还原到大自然，供动植物循环利用。

人是最高级的生物。从人的角度研究生物，主要瞄准两大方向和领域：一个是农业，一个是医学，也就是解决人类生存和健康的问题。地球丰富的生物多样性为人类提供了基本食物来源。全世界有8万余种陆生植物，而现在仅有150种被大面积种植作为食品。世界上有90%的食物来源于20个物种。药物依靠植物、动物和微生物作为资源。发展中国家80%的人口依靠传统药物治病，发达国家40%的药物来源于自然资源或其化合物。微生物还可以用来大规模生产酶制剂、有机溶剂、酒及酒精、氨基酸、维生素、菌肥等。工农业原料如木材、纤维、橡胶、造纸原料、天然淀粉、油脂等也依赖森林等提供。

让我们共同善待地球、珍爱生命吧！

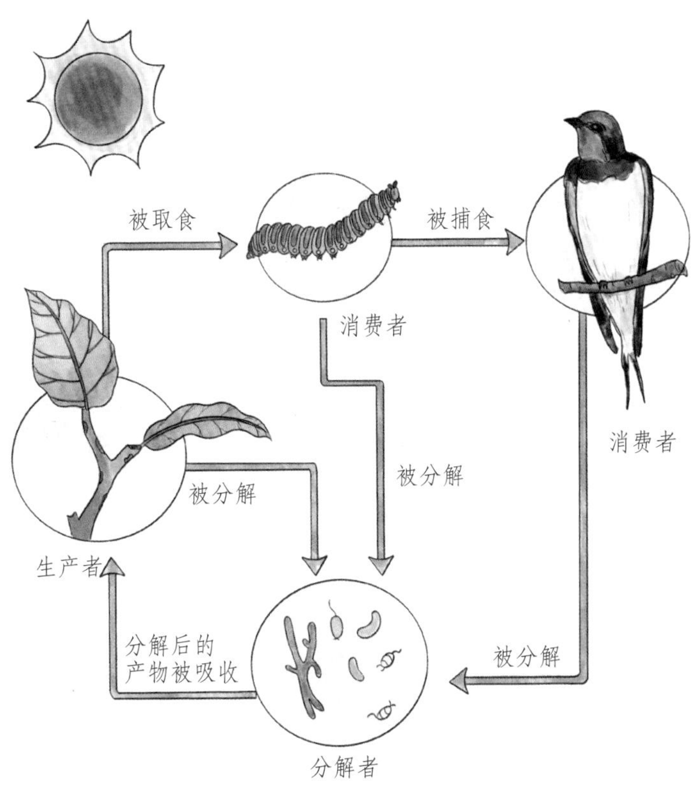

生产者、消费者和分解者的关系示意图

第二章

农业：生物制造业

民以食为天。农业是人类生存的基础，是生产粮食、蔬菜、水果、肉类、蛋奶、水产等食物的行业。农业的最大特点就是与活的生物打交道，从事生物的繁育与生产。农业也是一个露天工厂，受到各种自然灾害的威胁。

一、什么是农业

我们大多数人都生活在农村或到过农村，对农业生产有所认识，但对农业概念或许并不是十分了解。简单地说，农业是人类以植物、动物为劳动对象，来培育生产动植物产品的产业，这些产品包括粮食、蔬菜、水果、肉类、蛋奶、水产等食物，也包括棉花等纺织原料，所以农业就是生物制造业。农业的最大特点就是与活的生物打交道，从事生物的繁育与生产。

农业虽然主要表现为作物（植物）和牲畜（动物）的生产，但一点儿也离不开微生物的作用。农业微生物是农业的重要组成部分，贯穿在农业生产的全过程。

在国民经济产业体系中，人们吃饭穿衣是最重要的，饭和衣从哪儿来？还得靠农民伯伯生产出来，因此农业是最基础的产业，是人类需求的第一产业；工业是第二产业；最后是商业、服务业，是第三产业。中国是一个有14亿人口的大国，吃饭问题是头等大事，关系到国家的长治久安，所以要高度重视农业发展，“把中国人的饭碗牢牢端在自己手中”。

农业概念有“大农业”与“小农业”之分。大农业即广义农业，包括种植业、林业、畜牧业、渔业、副业5种产业形式；小农业即狭义农业，仅指种植业，包括生产粮食作物、经济作物、饲料作物和绿肥等农作物的生产活动。

农业离不开土地，土地是农业最基本的生产资料，因此常根据对土地的利用情况来分门别类。利用土地资源进行种植生产的是种植业；利用土地上水域空间进行水产养殖的是水产业，又叫渔业；利用土地资源培育采伐林木的是林业；利用土地资源培育或者直接利用草地发展畜牧的是畜牧业。对以上产品进行小规模加工或者制作的是副业。随着时代的发展，“副业”这一名称被食品加工业所取代。

农业又有传统农业和现代农业之分。人们把过去提篮小卖、自给自足的小农经济称为传统农业，把现在规模化、机械化、商品化的农业生产称为现代农业。有人形象地把传统农业比喻为“老人走路”——种植业和养殖业是两条腿，外加一根拐棍（副业），走得慢；现代农业是产业细分，多轮驱动，跑得快。

二、农业生产的基本要素

作物种子、农业耕地、农田水利、农业肥料、农业植保、农业机械是农业生产最基本的要素。

作物种子　作物良种是农业重要的生产资料。我们知道，种瓜得瓜，种豆得豆，什么种子长什么庄稼。优良的种子是农作物优质、高产的基础。种子首先要品质好，还要籽粒饱满，有时农民伯伯还要给它们穿上外衣——种衣剂，为种子发芽出苗创造更加舒适的环境条件。

农业耕地　耕地是农业最基本的生产资料，是农民的“命根子”，不是所有土地都能作为农业耕地，只有具有一定的土壤肥力、适合作物生长的土地才可作为农业耕地。像沙漠、盐碱地都不适合农作物的生长，都不能作为耕地。近年来，随着城镇化等各种用地的增加，农业耕地在不断减少。所以国家设立了基本农田保护政策，严格控制占用农业耕地。

农田水利 水是农业生产最基本的条件，是农业的“命脉”。缺水农作物不能生长，水过多，庄稼同样长不好。水有个最大的特点，就是流动性，不把它贮存起来，它就会很快流失。所以要大兴水利，建坝蓄水，建立农业用水的灌排系统，确保农业旱涝保收。在我国很多地方，特别是北方地区，缺水现象十分严重，为此我国实施南水北调工程，把南方丰沛的水源引到缺水的北方，满足农业生产的需要。同时，在农业生产过程中，推广地膜覆盖、滴灌技术，走节水农业的路子。

农业肥料 肥料是作物的“食粮”，作物生长发育需要的元素比较多，主要成分为氮、磷、钾“三要素”；其次是钙、铁、硫、镁、硼、锰、铜、锌、钴、碳、氢、氧，其中的碳、氢、氧，可以从水和空气中得到，其余元素则需要从土壤中吸收。每种元素都有不同的作用，如氮肥主要促进植物茎叶生长，使叶色加深，枝叶茂盛。磷肥主要促进植物的生殖生长，刺激植物开花结果。钾肥能使植物更加强壮，增强抗倒、抗寒、抗病能力。空气中虽然有大量的氮，但这些氮都以分子的形式存在，作物不能直接利用，只有遇到雷雨天气，通过雷电使氮分子变成氮离子，作物才能吸收，所以打过雷的地方作物往往长得特别好。一般来说，作物需要的氮、磷、钾，单纯靠自然土壤供给是远远不够的，因此，需要通过施肥来补充。但过量使用肥料，不仅造成肥料浪费，而且造成作物长势过旺，成了“肥胖儿”，易遭受病虫侵害而减产。更大的危害是大量肥料流失到水中，造成水质“富营养化”，滋生大量蓝藻，污染水体，使环境遭受巨大的破坏。

农业植保 作物和人一样，在生长过程中受到各种病菌和虫害的困扰，也会生病。因此需要开设“庄稼医院”，请“庄稼医生”来给作物看病，通过开方打药，防病治虫，农业植物保护就是这个意思。

农业机械 农业生产包括耕、种、管、收等环节，每个环节的劳动量都十分繁重，以前农民伯伯种田都是脸朝黄土背朝天，靠肩挑手捆，非常辛苦；现如今只有大力发展农业机械化，才能减轻劳动强度，使大批农民从土地上解放出来。

农业机械

三、农业的季节性

我国处在北半球温暖的季风气候区，冬季寒冷，干旱少雨；

夏季炎热，雨水较多，春夏秋冬四季分明，因此形成了农业生产的季节性特征。多年生农作物（如果树）和部分一年生农作物（如水稻、玉米），均是初春萌发，夏天生长，秋季结实。但也有部分耐寒怕热农作物（如小麦、油菜）在冬春生长，夏天成熟。每种农作物都有自己的生长规律，农业生产必须按照作物的生长规律安排农时操作。我国劳动人民在长期的生产实践中总结出二十四节气，节气对合理安排农业生产具有重要的意义。

二十四节气：立春、雨水、惊蛰、春分、清明、谷雨、立夏、小满、芒种、夏至、小暑、大暑、立秋、处暑、白露、秋分、寒露、霜降、立冬、小雪、大雪、冬至、小寒、大寒。

在二十四节气中，反映四季变化的节气有立春、春分、立夏、夏至、立秋、秋分、立冬、冬至8个节气。反映温度变化的有小暑、大暑、处暑、小寒、大寒5个节气。反映天气现象的有雨水、谷雨、白露、寒露、霜降、小雪、大雪7个节气。反映物候现象的有惊蛰、清明、小满、芒种4个节气。

在二十四节气中，农民最繁忙的是从芒种到夏至，人们常说“三夏”大忙季节即指忙于夏收、夏种和春播作物的夏管。故而，“芒种”也称为“忙种”，是农民一年之中最为繁忙的时节。相对于农忙就是农闲，立冬以后的“冬三月”气温很低，大多数作物停止生长，农民刚好利用冬闲时节休养生息，走亲访友，同时整理农具，置办农资，以备立春以后尽快投入农业生产。

四、农业的种植方式

育苗移栽

育苗移栽是农业生产，特别是水稻、蔬菜生产中最常用的种植方式。农业生产为什么要集中统一育苗，而很少将种子直接播到大田里去呢？育苗移栽至少有两大好处：一是作物秧苗个体小，集中育苗就像把婴幼儿集中到保育房保育一样，有利于精细管理，节省成本，培育壮苗；二是可以提前播种，延长生长期，增加作物产量。早春天气寒冷，作物在室外不能正常生长，可建设温室加热育苗，等外界环境温度升高后再移栽到大田。有时即使外界温度适宜，但大田茬口还没有腾出来，也无法直接播种。当然，也不是所有作物都需要育苗移栽，如小麦，用种量较大，秋后茬口安排较宽松，就直接把麦种播到农田，这样就大大减少了移栽用工量。

间作套种

在一块地上按照一定的行、株距和占地的宽窄比例种植几种农作物，称为间作套种。一般把几种作物同时期播种的叫间作，不同时期播种的叫套种。间作套种是我国农民的传统种植经验，可充分利用农田空间、太阳光能，实现立体种植，是农业上的一项增产措施。间作套种的几种作物，在株形上要选择高秆或蔓生

支架与矮生配合，叶的姿态上选直立与塌地的种类搭配栽培，喜光与耐阴相组合。如在高大玉米的空行套种食用菌，可相得益彰。

轮作换茬

指在同一田块上有顺序地在季节间和年度间轮换种植不同作物的种植方式。在同一田块上每季、每年种植同一种作物称为连作。农田连作时间久了，会导致土壤病虫害逐年加重，土壤的肥力逐年下降，作物产量逐年降低，这就是农业生产上的一个重要术语“连作障碍”。连作障碍必须通过轮作换种不同的作物来改良土壤。还可以水旱轮作，通过改变土壤的环境，大大减轻病虫草害的发生。

起垄栽培

对于甘薯、马铃薯等地下块根块茎作物，多采用起垄的方式栽培。垄由高凸的垄台和低凹的垄沟组成，在垄台上栽种甘薯。可避免地下水位高，有利于薯块膨大。果树怕水，在地下水位高的地块上栽种果树，也必须起高垄栽培。

综合种养

农作物生长过程中，在作物行间放养适量动物，通过农业多样性，发展农业生产，保持生态平衡。如在稻田里放养小龙虾或鱼类或役用鸭，在果园放养鸡鸭鹅，可有效清除田间杂草害虫，有利于作物生长，还可增加农民的收益。

五、农业育种

一粒种子聚合了该物种的所有遗传信息，是农业的“芯片”。农业育种是当今世界各国竞相角逐的科技高地。人们对农业物种的研究首先是从选种、育种开始的。

选择育种

在远古时代人们就知道挑选籽粒大的种子留种，庄稼会越长越好。植物在种植过程中，会产生很多性状变异，人为地对这些自然变异或人工授粉变异进行选择和繁殖，就会选育出新的品系或品种，这种育种方法称为选择育种。这是植物常规育种中的重要手段之一。

但从遗传角度看，植物的变异存在不可遗传的变异和可遗传的变异。不可遗传的变异主要是环境变化引起的。例如，缺肥的环境可导致植株的瘦小、强烈的阳光可导致株型的紧凑等。要尽量避免在不可遗传的变异中选种。只有可遗传的变异才是遗传物质变异的结果，是选择育种的基础材料。认识到这一点，人们在育种过程中才会提高育种效率，少走弯路，少做无用功。

杂交育种

通过不同种群中的亲本进行有性杂交（相互授粉），改变其遗传物质，在杂交后代中进行选择育种的方法叫杂交育种。

杂交可以使生物的遗传物质从一个群体转移到另一个群体，是增加生物变异性的一个重要方法。杂交后代中可能出现双亲优良性状的组合，甚至出现超亲代的优良性状，当然也可能出现双亲的劣势性状组合。育种过程就是要在杂交后代众多类型中选留符合育种目标的个体进一步培育，直至获得优良性状稳定的新品种。

农业育种

杂种优势的利用

在杂交育种过程中，人们发现，马和驴杂交生的骡子，虽然没有生育能力，但体格高大，强壮有力。若用不同品种间的作物进行杂交，后代又会怎样呢?

其实这种杂种优势是生物界的普遍现象。同一动植物的不同品种间，例如，中国太湖猪和美国的杜洛克猪、籼稻和粳稻间进行杂交，它们的后代在生长性能和生产性能等方面都比双亲好，这种现象就叫作杂种优势。袁隆平研究的杂交稻利用的就是杂种优势。

杂种优势的表现有一定的规律性：杂交双亲之间亲缘关系越远，遗传差异越大，杂种优势也越强大（如混血儿），不同类型品种间的杂种优势就比同一类型品种间的杂种优势大；杂种优势只能比较好地在杂种一代中表现出来，到了第二代就会衰退，表现出有的好，有的坏，就不能继续留种种植了。一些种子公司正是利用这种特性，把制种技术牢牢控制在自己手里，农民要想种，必须年年去买种。当然，要把杂种优势保存下来也是有办法的，无性繁殖（即用种子以外的营养器官如块根、茎繁殖）的如甘薯、马铃薯则能把杂种优势“固定”下来并传下去，不必年年配制杂交种。

辐射育种

农业物种在自然环境下往往很难产生变异，特别是可遗传的变异，科学家发现农业物种通过原子能辐射，能加速变异。辐射育种就是利用各种射线(如X射线、中子等)照射农作物的种子、植株或某些器官和组织，促使它们产生各种变异，再从中选择需要的可遗传优良变异，培育成新的优良品种。这种育种技术已经在农业上广泛应用。

航天育种

航天育种就是把普通种子送往太空，经过一段时间的太空旅行，使其在太空的独特环境下（如宇宙射线、微重力、高真空、弱地磁场等因素）进行变异的育种方法。

太空诱变表现得十分随机，在一定程度上是不可预见的。航天育种不是每颗种子都会发生基因诱变，其诱变率一般为百分之几甚至千分之几，而有益的基因变异仅是3‰左右。即使是同一种作物，不同的品种，搭载同一颗卫星或不同卫星，其结果也可能有所不同，航天育种是一个育种研究过程，种子搭载只是走完万里长征一小步，不是一上去就“变大”，整个研究最繁重和最重要的工作是在后续的地面上完成的。

六、农业气象灾害

农业生产与工业生产相比有两个特点：一是它生产的是活的生物体，而活的生物体是有生命的，是需要人来管护的；二是农业是个露天工厂，农业生产需要在面广量大的土地上进行，受到各种自然灾害的威胁较多。农业自然灾害主要包括两大类：气象灾害和病虫草害。

气象灾害主要包括洪涝、干旱、低温冻害、大风、冰雹等。

在农作物生长过程中，长期连阴雨，光照不足，会影响作物生长，甚至有可能造成旱作物因缺氧而烂根；在作物成熟季节长期连阴雨，还有可能使作物果实霉烂、籽粒发芽。暴雨形成的洪水还会冲毁庄稼。反之，天气干旱也会严重影响农作物生长。农业需水量大，大水漫灌容易造成水的流失，浪费很多，所以要发展节水农业。高标准的农业灌溉渠道，可以减少水的流失。地膜覆盖，可以大大减少土壤水分的挥发。精准滴灌，可以大大提高水的利用率。

大风会使高秆作物齐腰折断。冬季极端低温会造成在田作物大面积冻害。兴建温室大棚，使农作物在保护设施下栽培，为农作物生长安下一个“家”，是农业抗击各种气象灾害的有力措施。

七、农业病虫草害

病害和虫害的特点

引起农作物生病的原因很多，主要有病菌引起的病害；缺肥引起的农作物生长不良；环境恶劣（洪涝、干旱、低温、寡照）

使作物受伤。所以要对症采取不同的措施防治作物病害。

对于病菌引起的病害，要选用抗病能力强的农作物品种，在作物生长季节喷施农药来防治，如少数植株发病，要及时拔除，清理病枝，防止病菌蔓延。

农作物在生长过程中，还受到各种虫害的威胁。农作物害虫大多是昆虫。有的虫吃作物的根，有的喜欢吃作物的茎、叶，还有的喜欢吃作物的果实。

昆虫的形态变化

昆虫的一生，一般要经过卵、幼虫、蛹和成虫4个时期。幼虫是主要为害时期，经过几次蜕壳，不断长大。卵和蛹是休眠期，不为害农作物。成虫一般有翅膀，会飞翔，有趋光性，交配繁殖，把卵就近产在作物的茎叶或果实上，卵孵化又变成了幼虫，继续为害农作物。掌握了害虫的这些特性，才能找到防治农业害虫的有效方法：如在卵刚孵化时，低龄幼虫抗药性最差，可抢时间喷药灭虫，而老熟的幼虫抗药性强，这时喷药灭虫效果就差了；成虫期则利

昆虫的一生

用它的趋光性或趋化性来防治；农作物收获后，把枯枝败叶集中销毁，可以把附生在作物体上的虫卵、虫蛹一起杀灭，大大减少害虫的发生量。

物理防治

物理防治为利用物理因子或机械作用对害虫生长、发育、繁殖进行干扰，以防治植物病虫害的方法。物理因子包括光、电、声、温度、放射能、激光、红外线辐射等；机械作用包括人力扑打、使用简单的扑杀器具、覆盖防虫网等。

黄色粘虫板杀虫技术是利用昆虫的趋黄性诱杀农业害虫的一种物理防治技术，它绿色环保、成本低，全年应用可大大减少用药次数。采用黄色纸(板)上涂粘虫胶的方法诱杀昆虫，可防治潜蝇成虫、粉虱、蚜虫、叶蝉、蓟马等小型昆虫，蓝色板诱杀叶蝉效果更好，配以性诱剂可扑杀多种害虫的成虫。

我们常听说“飞蛾扑火”，飞蛾为什么会扑火呢？原来，一些夜出性种类的农业害虫如蛾类、飞虱、叶蝉、蝼蛄等在夜间活动时有趋光性，尤其对短光波的趋性更强。因此利用黑光灯的装置进行诱集，是进行害虫种类调查和发生期、发生量预测预报的一种常用手段。在黑光灯上装置高压电网，或在灯下放置水面滴油的水盆可直接诱杀害虫。但这种方法对于喜欢白天活动的蝶类害虫就没有什么作用了。

化学防治

化学防治法是使用化学农药防治动植物病虫害的常用方法。农药具有高效、速效、使用方便、经济效益高等优点，但使用不当可对植物产生药害，引起人畜中毒，杀伤有益微生物，导致病原物产生抗药性。农药的高残留还可造成环境污染。当前化学防治是防治植物病虫害的关键措施，在面临病虫害大发生的紧急时刻，甚至是唯一有效的措施。

生物防治

生物防治就是利用生物物种间的相互关系，以一种或一类生物抑制另一种或另一类生物的方法。它的最大优点是不污染环境，对环境友好。生物防治大致可分为以虫治虫、以鸟治虫和以菌治虫三大类。青蛙是最常见的益虫。一只青蛙一天捕食的害虫，少的有五六十只，多的有200只。青蛙的子女蝌蚪也有吃小虫的本领，一只蝌蚪每天要吃掉100多只孑孓（jié jué）。因此，青蛙是当之无愧的农田卫士。

以菌治虫最有名的当属苏云金杆菌（Bt）的发现和应用。苏云金杆菌是一类能产晶体芽孢的杆菌，由日本细菌学家石渡繁胤和德国科学家恩斯特·贝尔林纳（Ernst Berliner）分别在1901年和1911年独立发现。当时日本蚕农发现大量家蚕无故死亡，这引起了科学家们的注意，他们进一步研究发现了一种杆状细菌，科学家们将其命名为猝倒芽孢杆菌。后来，德国人贝尔林纳从感染的地中海粉螟中也分离出一种杆菌，这种菌具有很强的杀虫能力，后以发现地德国苏云金为细菌命名。该菌可产生两大类毒素，即内毒素(伴胞晶体)和外毒素，毒素可使鳞翅目害虫停止取食，最后使其因饥饿和细胞壁破裂、血液败坏及神经中毒而死亡，但对人畜和其他动物安全。从此该菌作为一种特殊的生物农药在农业上广泛应用。更为重要的是，科学家还把苏云金杆菌的抗虫基因，转到了棉花等作物上，育成了一批抗虫农作物，在生产上发挥了更大的作用。

杂草为害及防除

农田杂草与农作物争肥、争水、争光，传播病虫害，有的还会分泌有毒物质，是严重威胁农作物产量和品质的一大类生物灾害。一株杂草可结籽成千上万，有的杂草种子埋藏于土壤中10多年仍能发芽，大多数杂草的根、茎都有再生能力，有些杂草长得与作物十分相似，如野燕麦和小麦、稗草和水稻、狗尾草和谷子等，这给除草带来了很大的困难。

除草剂对作物和杂草有很好的选择性，喷施除草剂可有效防治农田杂草的发生，但也会污染农田。稻田养鸭、果园养禽可有效防治草害、虫害。

八、保护农业环境

我们常常听长辈说：大西瓜没有以前甜了，大米饭没有以前香了，连小青菜也不如从前鲜嫩了……似乎田里长的许多农产品都不如以前好吃了。是我们生活好了，嘴变刁了，还是因为品种退化了？农业专家指出，其实最根本的原因是我们的土壤环境、水环境变差，很难长出以前那种味道的产品了。长期以来，人们片面追求农作物产量，忽视了对农业环境的保护，对生态环境造成了很大的破坏。

控制农药、化肥、农膜的使用

农药　近年来，农药残留就像一张无形的大网，严重侵害着人类的身心健康。农药等有害化学物质进入土壤，长期在土壤

残留农药较多的蔬菜

中累积，会抑制微生物的繁殖，对土壤的再生极为不利，长此以往，这类农田将成为“死土”。一些特异性的除草剂虽不伤害土壤微生物，但在土壤中累积后，对某些作物具有很大的杀伤力，同样使土壤丧失了应有的功能。所以要少用化学农药，尽可能使用对人类微毒安全的生物农药。

化肥　化肥施得太多，庄稼也会得“富贵病”，使农产品丧失了原有的风味。长期大量使用化肥，还会破坏土壤的理化性能，造成土壤板结、返盐，影响农作物的生长。同时大量化肥流入河流，造成河流、湖泊富营养化（肥水），滋生大量蓝藻。2007年太湖蓝藻大暴发就是这个原因。所以要少用化肥，多施有机肥，努力提高肥料的利用率。

农膜　大量农膜遗留在土壤中，普通农膜残留期达400年之久，长期积累将严重破坏土壤耕作层，导致作物无法生长。同时如果被牲畜吃到肚子里，还会影响牲畜健康。所以农膜回收任重道远。

作物秸秆、畜禽粪便综合利用

农业生产在生产“有用”农产品，如作物果实、作物籽粒、肉、奶、蛋的同时，还产生大量的农业废弃物，如作物秸秆、畜禽粪便等，令人十分头疼。以前在没有煤气、没有电的年代，作物秸秆是农村的主要燃料，是个宝，现在家家户户烧煤气，作物秸秆就成了令人烦恼的草。有人图省事，一把火烧了，可这样产生的烟雾又对大气环境造成了很大的破坏。

解决农作物秸秆问题的途径很多，主要有：一是直接耕翻还田，培肥土壤。但这种方法有个过程，秸秆要较长的时间才会腐烂，影响下茬作物生长，秸秆上的虫卵、病菌也会跟着还田，导致下茬病虫害较重。二是通过发酵，作为牛羊的饲料。但不是所有秸秆牛羊都喜欢吃。三是通过收贮，作为发电厂发电的燃料。但是含水量大的秸秆就不适宜做燃料。四是作为生产板材的原料。但需要特定的作物秸秆。五是用来生产食用菌。食用菌对秸秆原料有选择性。到底哪种办法好，要看情况而定。

畜禽粪便的处理，主要是通过微生物发酵，产生沼气（燃料），沼液直接通过管道输送到农田，作为庄稼的液体肥料。

农牧结合。秸秆通过微生物发酵变为牲畜的饲料，牲畜的粪便通过微生物发酵变为作物的肥料，这种农业资源循环利用、农业废弃物零排放的经营模式，是老祖宗传给我们的种田法宝，仍然是未来循环农业的发展方向。

九、健康养殖与动物福利

畜禽养殖是农业生产的重要方面，是为人类提供肉、蛋、奶的来源。有人会觉得新奇：猪牛羊、鸡鸭鹅本来就是我们饲养宰杀吃肉的，对牲畜还要讲什么动物福利?其实对动物讲福利是人类文明程度的一个重要标志。

动物行为学研究表明，动物能够感知痛苦并拥有情感。例如，当得知自己即将死亡时，哺乳类动物会非常恐惧和不安；当面临被猎杀时，它们能够表达愤怒。动物保护者认为，动物和人一样需要并拥有基本的生存权和保障权，它们应该免于恐惧和饥饿困顿。近年来，世界动物保护组织更明确提出了动物应享有以下五大自由：不受饥渴的自由、生活舒适的自由、不受痛苦和疾病伤害的自由、生活无恐惧和悲伤感的自由、表达天性的自由。世界上许多国家已经对此有了相当深入的思考和认识，并做出了明确和肯定的回答，甚至还出台了有关反虐待动物的法案。

我们不是素食主义者，但对动物哪怕是畜禽都应该表现出人道主义关爱。提倡健康养殖、生态养殖，为畜禽提供舒适的生活环境条件，使它们免于疾病、饥饿的折磨。在屠宰时使其安乐死亡，减少不必要的痛苦。反对虐待动物。生前受到良好福利待遇的动物，所生产出的肉品质也更好，同时也能让享用的人更加心安。

水葫芦

十、严防有害生物入侵

随着经济全球化进程的快速推进，在大量引进农业新品种的同时，不经意间也引进了大量有害生物，造成了生态平衡的破坏。如20世纪六七十年代，我国从美洲引进水葫芦、水花生，作为猪的饲料广为种植，然而多年以后，这种水葫芦、水花生在江河湖泊泛滥成灾，严重影响了交通航运、排洪泄洪，且污染环境。水花生更是成了水田的一大杂草，始终无法根除。根据中国外来入侵物种数据库的统计，截至2017年底，已经入侵我国农业

和林业生态系统的外来生物有630多种，其中发生面积较大、产生明显为害的就有100多种。在世界自然保护联盟列出的全球100种最具威胁的外来入侵物种当中，我国深受其害的就占了50种。加强动植物检疫，防范外来有害生物入侵迫在眉睫。

近年来，一些地方举办蝴蝶放飞活动，从国外引进各种蝴蝶。虽然蝴蝶飞起来好看，但它的幼虫其实是为害农作物的害虫，所以要慎之又慎。

水稻
小麦
玉米
土豆

第三章

农业的过去与未来

我国农业源远流长，上可追溯到远古的刀耕火种。历经几千年的传统农耕，发展到石化农业、机械化农业、智能化农业，勤劳的人们创造了灿烂辉煌的华夏农耕文明。

一、农业传说

农业始祖——神农氏

神农氏是传说中农业的发明者。神农氏为什么想起来种五谷呢？据《拾遗记》记载，一天，一只周身通红的鸟儿，衔着一棵五彩九穗谷，飞在天空，掠过神农氏的头顶时，九穗谷掉到地上，神农氏见了，拾起来埋在了土壤里，后来竟长成一片。他把谷穗在手里揉搓后放在嘴里，感到很好吃。于是他教人砍倒树木，割掉野草，用斧头、锄头、耒耜等生产工具，开垦土地，种起了谷子。

神农氏从这里得到启发：谷子可年年种植，源源不断，若能有更多的草木之实选为人用，多多种植，大家的吃饭问题不就解决了吗？那时，五谷和杂草长在一起，草药和百花开在一起，哪些可以吃，哪些不可以吃，谁也分不清。神农氏就一样一样地尝，一样一样地试种，最后从中筛选出稻、黍、稷、麦、菽五谷，所以后人尊他为“五谷爷”“农皇爷”。

后稷教稼

后稷是4000多年以前上古时期的农业创始人，他名曰“弃”，是黄帝曾孙帝喾之妃姜嫄所生。尧帝封他为农官，舜帝时给他封号为后稷，其功勋与帝王相当。传说姜嫄在野外出游时，由于不小心踩到了巨人足迹而怀孕，并产下了一个怪胎，她一度想要抛

弃他，后又改变主意将其抱回家抚养。这个奇异的小孩就是后稷。他从小就有远大的志向，做游戏时喜欢收集各类野生植物种子，用自己的小手种到地里去。长大成人后，他很快成为种地好手，能因地制宜，适时播种，收割各类农作物，掌握了春播、夏管、秋收、冬藏农事活动的一般规律。出于敬仰和爱戴，人们便尊称弃为“稷王”“百谷之神”。后稷开创了万古不朽的中华农耕伟业，因此，有“江山社稷”这一说法。

大禹治水

大禹是传说中的治水英雄。尧舜时期，中原地带洪水泛滥，无边无际，淹没了庄稼，淹没了房屋，百姓流离失所，很多人只得背井离乡，水患给人民带来了无边的灾难。水官鲧采用修筑堤坝围堵洪水的办法治水，没有成功。鲧的儿子禹继续治理洪水。禹吸取了他父亲治水失败的惨痛教训，改用疏导的策略。他以水为师，善于总结水流运行规律，利用水往低处流的自然流势，因势利导治理洪水。他带领百姓，根据地形山势疏通河道，泄洪排涝，使洪水得以回归河槽，流入大海。禹治水13年，“三过家门而不入”，终于制服了洪水，完成了治水大业。大禹的功绩不仅在于使人们的生产、生活有了保障，同时还扩大了农耕区，发展了农业生产，从此华夏民族得以繁荣昌盛。

二、最早的农业

刀耕火种

我国农业最早的耕作技术是原始社会的火耕。《淮南子·本经训》记载的“焚林而田”，以及人们常说的“刀耕火种”，即火耕法。实行火耕，先用石斧、石镰等砍倒树木，待树木干枯后放火焚烧。这样便开辟出大片土地，而树木燃烧过的灰烬又成了增强土壤肥力的肥料。经过焚烧的土壤比较疏松，不用中耕，用尖木棒等工具即可掘地播种。不过，火耕的结果使土壤肥力逐年下降，几年就要丢荒另辟新耕地。

以后，火耕逐步过渡到锄耕或耜（古代的一种农具，形状像锹）耕。用锄或耜翻地能疏松和改良土壤结构，扩大耕地面积，延长土地使用年限，提高农作物产量。由于锄耕或耜耕可以实行定期休耕，在几块土地上轮换种植，从而使人类的定居生活成为可能，进一步推动了农业生产的发展。

从野生种（杂草）到栽培种（作物）

人类经过漫长的采集生活到了定居时代，对所采集的作物有了认识，于是选择其中最有用处的植物进行栽培。其最先选择是谷类。谷类作物易种、易收、易贮藏，不仅种子为良好的食物，秸秆还可做饲料并有很多用途。如原产中国的粟的祖先是我们常

谷子的祖先狗尾草

见的狗尾草。可见我们现在的作物其实就是由几千万年前的野生植物（杂草）变来的。野生植物经过上万年的栽培后，由于环境条件的改变与其生物的竞争减少，营养的增加，人类对所发生能遗传的变异加以有意识地选择、分离和繁殖，使其与野生祖先有显著的不同，最终便被驯化成栽培价值更高的作物类型，更易为人们利用，如种子休眠期更短，籽粒更饱满，易去皮，产量更高，生长期变短。但由于人类的保护作用，作物往往丧失了对外界严酷条件的适应性，如对害虫、灾害等逆境的抵抗力往往变弱。

中国五谷杂粮

“五谷”这一名词最早见于《论语》。汉朝以后对五谷的解释主要有两种：一种说法是稷（去壳后为小米）、黍（俗称黄米）、麦、菽（即大豆）、稻；另一种说法是稷、黍、麦、菽、麻（指大麻）。谷指的是粮食，前一种说法没有把麻包括在五谷里面，较为合理，当然大麻的籽实是可以吃的，也是一种粮食。实际上中国古代将栽培谷物统称为五谷或百谷，现在通常说的五

五谷杂粮

谷是指稻谷、麦子、高粱、大豆、玉米，而习惯将米和面粉以外的粮食称作杂粮，所以五谷杂粮也泛指粮食作物。

谷（粟）、黍、麦、菽（豆）、麻、稻等，除麦和麻以外，都有7000年以上的栽培史。但这几种粮食作物在粮食供应中的地位却因时而异。五谷中的粟、黍等作物，由于具有耐旱、耐瘠薄、生长期短等特性，因而在北方旱地原始栽培情况下占有特别重要的地位。至春秋、战国时期，大豆所具有的营养价值被人们发现，同“粟”一起成了当时人们主要的粮食作物。中国小麦在5000年前便被引种到了黄河流域，只是种植不普遍，可能主要是受了食用方式的限制。

中国自古有整粒食用谷物的传统，麦子粒食口感不佳，赶不上小米，所以当时惩罚人的一种方法就是“麦饭之”（让他吃麦做的饭）。直到春秋战国时期，鲁班发明了石磨，后来随着面食的普及，小麦才逐渐发展成为北方主要的粮食作物之一。水稻很适合于雨量充沛的南方地区种植，最初并不普遍。唐宋以后大面积种植。当时在粮食供应中，水稻占7/10，导致了南方人口密度开始大于北方。随着近代中国与世界各国的交流，一些作物又加入到了粮食作物的行列，明代末年，玉米、甘薯、马铃薯相继传入中国，并成为现代中国主要粮食作物的重要组成部分。

石磨

三、最早的畜牧业

远古人类经历了漫长的狩猎时期，网具的发明，极大提高了狩猎效果，使抓捕到的动物有了剩余。我们的祖先很早就将野生动物驯养成家畜，最早的家畜是猪、狗、羊、牛。

从黄河流域来说，在距今约7000年前的河南裴李岗遗址中发现有猪骨，河北磁山遗址中发现有猪、狗、羊骨；在大致同时期的陕西西安半坡遗址和陕西临潼姜寨遗址中，不但有上述动物的

骨骼，还发现了饲养家畜的圈栏遗迹和家畜粪便的堆积。从长江流域来说，在距今约7000年前的浙江余姚河姆渡遗址中，除了有猪骨、狗骨外，还发现了水牛的骨骼。河姆渡遗址出土过一只小陶猪，体态肥胖，腹部下垂，四肢较短，前后体躯的比例为1：1，介于野猪（7：3）和现代家猪（3：7）之间，整个形态已和野猪大不相同，这说明当时人工饲养、繁殖猪的时间已经很长了。

以上情况表明，早在7000年前，我国便开始成功地饲养家畜了。此外，通过大量考古资料还发现，在我国原始社会中，出现了早期农业的地区以饲养家猪为主；牧区以饲养狗、羊、牛为主；而在农牧业地区，则是兼营饲养的局面。

原始畜牧业的出现和发展，不仅丰富了原始人的肉食，而且还提供了大量的乳类、油脂、皮、毛、骨等产品，有些被驯养的动物还可以当作役畜来使用。

四、古代麻丝毛棉生产

农业除了生产人类需要的食物外，还要生产各种衣物纺织原料。在纺织原料中，最重要的就是麻、丝、毛、棉4种。

在人类漫长的进化过程中，衣服的出现真正让人类从蒙昧中挣脱出来。最初茹毛饮血、而衣皮苇——即吃生肉喝畜血、穿兽皮遮树叶。此时的“服装”具有最原始的3个功能：御寒、护体、遮羞，而材料直接取之于大自然。后来，人们发现有些树皮经过沤制后会留下很长的纤维，可以用来搓绳接网，还可以用来结成片状物围身，这就是纺织物的前身。此时大约是神话传说的伏羲渔猎时代，距今1万多年。

到了神农的农牧时代，开始有了农业和畜牧业，这是人类发展史上的一大飞跃。麻有“国纺源头，万年衣祖”之称，麻的发现运用居天然纤维（麻丝毛棉）之首。大麻的茎皮经过剥制、沤泡，可以形成松散的纤维，再将这些纤维用石纺锤搓制成线和绳，编结成渔网和织物，人类进入了纺织时代，服装也正式进入人们的生活之中。

在新石器时代晚期，也就是传说中的黄帝时期，开始有了养蚕、缫丝、织绸的生产。最初的人们可能只是为了吃蚕茧中的蛹充饥而认识到这种昆虫的，后来在用嘴咀嚼的过程中发现蚕茧的外壳可以抽出很长的纤维来，用它制成的织物，比麻、葛织物既高贵又柔软舒适。于是，传说黄帝的元妃嫘祖率领民众养蚕缫丝织绸，开始了人类文明史上的一个重大发明创造——纺织丝绸。

棉花是很晚才从印度传入我国的，由于种植棉花比种麻方便，产量高，加工简便，做出的服装也比麻舒适，因而得以迅速发展，形成了纤维材料的四大家族：棉、毛、丝、麻。人们采用这4种纺织纤维作为服饰材料的局面一直延续到近代。直到20世纪以后，人工合成化学纤维才成为世界上产量最大的纺织纤维。

五、古农具的发展

原始农具

耒是最古老的挖土工具，它是从采集经济时期挖掘植物的尖木棍发展而来的。在尖木棍下端安一横木便于脚踏，使之容易入土，这便是单尖耒。后来衍生出双尖耒，提高了挖土的功效。单尖耒的刃部又发展成为扁平的板状宽刃，形似铲子，就成为木耜，其功效大大提高。农业生产工具自春秋战国以来称之为“田器”“农器”和“农具”。原始农业中木石并用，奴隶社会中又出现了青铜农具，封建社会时期则逐渐发展为以铁农具为主。制造农具的原料，最早是石、骨、蚌、角等，这些是原始农业的主要农具。

目前，中国已发现最早的农耕遗址，它们大都属于耜耕农业阶段。如河北省武安县磁山遗址、河南省新郑县裴李岗遗址出土的石铲（耜），距今8000年左右。浙江省桐乡县罗家角遗址和余姚县河姆渡遗址也出土了距今7000年左右的骨耜和木耜。商、周时代出现了青铜农具，种类有锛、臿、斧、斨、镈、铲、耨、镰、犁等。中国铁的冶铸技术发明至迟始于春秋，铁农具的使用是农业生产上的一个重要转折点，铁质农具坚硬耐用，大大提高了生产效率，使大面积开垦农田成为可能。

犁

农耕图

犁是一种耕地的农具，用来破碎土块并耕出槽沟从而为播种做好准备。中国的犁是由耒耜发展演变而成，用牛牵拉耒耜以后，才渐渐使犁与耒耜分开，有了“犁”的专名。犁约出现于商朝，见于甲骨文的记载。早期的犁，形制简陋。西周晚期至春秋时代出现铁犁，开始用牛拉犁耕田。西汉出现了直辕犁，只有犁头和扶手。而缺少耕牛的地区，则普遍使用“踏犁”。至隋唐时代，犁的构造有较大的改进，出现了曲辕犁。唐朝的曲辕犁与西汉的直辕犁相比，可适应深耕和浅耕的不同需要；改进了犁壁，唐朝犁壁呈圆形，可将翻起的土推到一旁，减少前进的阻力，而且能翻覆土块，以断绝杂草的生长。

风车

人类很早就知道在农业生产中利用风能。我国是世界上最早制作风车的国家之一。公元前数世纪我国人民就利用风力提水、灌溉、磨面、舂米。到了宋代更是我国应用风车的全盛时代，当时流行的垂直轴风车，一直沿用至今。

风谷车

我国南方用来去除水稻等农作物籽实中的杂质、瘪粒、秸秆屑等的木制传统农具。其基本构造：顶部有个梯形的入料仓，下面有一个漏斗是出大米的，侧面有一个小漏斗是出细米、瘪粒的，尾部是出谷壳的；木制的圆形“大肚子”藏有一叶轮，有铁做的摇柄，手摇转动风叶以风扬谷物，转动速度快产生的风也大，反之亦然。

役用动物

人类在驯养野生动物的同时，就懂得使用畜力代替自己来背负或牵扯重物。耕牛是最重要的农业役用动物。牛有蛮力气，但如何制服野牛？穿牛鼻是古人的一项重要发明。原来牛鼻子是它的软肋，只要牵住了牛鼻子，再野的牛也乖乖听话。我国历朝历代政府都十分注重耕牛保护。

六、中国农业物种演变史

从古至今，中国农业物种发生了多次演变，其中影响重大的有3次，引发了3次农业革命。

北方麦作的传播

第一次农业革命是从商朝开始到春秋战国时期。传入中国的物种主要是小麦和大麦，就是麦类作物。麦类成为北方的主粮是一个漫长的过程。当时华夏民族的主要粮食是粟、黍等作物，到春秋战国时期豆类成了人们的主粮，人们用豆类做饭，用豆类的叶子做汤，食品结构比较单调、乏味。原产自西亚的小麦和大麦沿着中亚、新疆河西走廊这条渠道进入了周人的祖先陕西这个地方。相对于粟、黍等作物，麦类属高产作物，且麦子不怕寒冷，秋天播种，次年初夏成熟，充分利用了冬闲农田，逐步成为北方地区的主导作物，同时引起中国饮食结构的巨大变革，人们开始吃麦面，不只吃豆子了。直到现在，麦面仍在中国北方饮食文化中占主导地位。

南方稻作的传播

第二次农业革命是北宋时期，水稻在中国南方江淮流域广泛推广普及。由于北方陷入战乱和割据，大量北方人迁入南方，对南方各种资源特别是粮食造成了很大的压力，正在这个时候，越南的占城稻传入中国，在南方普及，解决了当时中国南方对粮食的需求，从而导致了中国农业史上的第二次革命。

关于占城稻的特性，文献中多有描述。宋代文人高承的《事物纪原》中说占城稻是“粒，稍细，耐水旱，而成实早，作饭差硬”。占城稻最突出的特性就是耐旱、早熟、躲避秋旱。正是因为耐旱，以至于占城稻一度被认为是旱稻而非水稻。占城稻还有耐瘠薄的特点，不择地而生，不像粳稻那样要求较高的水肥条件。

美洲农作物引进中国

第三次农业革命是在16世纪以后，美洲农作物引入中国。其中最重要的就是玉米（番麦）和甘薯（番薯）。西班牙殖民者进入菲律宾，同时把美洲的农作物带到了菲律宾。在菲律宾南洋一带经商打工的中国商人、民工、农民，通过欧洲大帆船贸易和多种渠道，将这些美洲作物经由东南亚菲律宾等地为中转，开始进入中国。玉米在1550年进入中国，它产量高，要求的条件比较低，容易成活，所以，几百年间成为中国一种非常重要的作物。玉米在中国有很多叫法，如苞米、苞谷，但最早是叫番麦。

甘薯进入中国，两家姓陈的家族做出了不可磨灭的贡献，一家是广东东莞的陈家；一家是福建福州的陈家。这里主要说说福州陈家陈振龙，他是一个在吕宋岛做生意的生意人。1593年他看到了当地漫山遍野种植的甘薯，于是想到了自己的福建老家，老家粮食短缺，时常有各种各样的水旱风灾，他就想把这种东西引进老家，但是西班牙殖民者在各个口岸盘查得很严，陈振龙非常聪明，他拿了一根甘薯的藤条把它编在一个箩筐里，然后带着这个箩筐上船回到了福州老家。

带回来之后当即试种在自家的农田里。据他们自己记载，4个月以后，把土挖开，红薯子母相连，小者如臂，大者如拳，味同蜜枣，他们大喜过望。其时恰逢福建大旱，马上面临粮食短缺的局面，福建巡抚金学曾当机立断，晓谕福建各地立刻开始推广，使福建得以度过当时的粮食危机。从此甘薯有了“救命薯”“救灾薯”的美名。后来陈家开始了在全国各地推广甘薯的家族举动。清朝年间，陈家后代，就把家族推广甘薯的经历写成了一本书叫《金薯传习录》。

此外，还有土豆（马铃薯），最早是在17世纪中叶由荷兰殖民者带进中国台湾，所以叫荷兰豆，以后又从台湾传入大陆。

七、中国古代四大农书

勤劳的华夏民族积累了数千年的耕作经验，留下了丰富的农学著作。四大农书基本反映了中国古代各个时期汉族农耕社会的发展状况。

《氾[fàn]胜之书》 西汉氾胜之著，是我国历史上最早的农业科学著作。书中总结出一种叫“区田法”的耕作方法，还介绍了“穗选法”“浸种法”等选种方法和育种方法。该书现存3700多字，内容丰富。

《齐民要术》 北魏贾思勰著，是一部系统、完整的农业科学著作，全书共10卷，92篇，11万多字。书中对农、林、牧、副、渔各方面都有详尽论述，被誉为农业百科全书。

《王祯农书》 元代王祯著。全书共36卷，13.6万多字，分为农桑通诀、百谷谱、农器图谱3个部分，是当时农业生产技术的总结。

《农政全书》 明代徐光启著，是一部集前人农业科学之大成的著作。全书60卷，50余万字，书中汇集了有关农作物的种植方法，各种农具制造以及水利工程等农业技术和农学理论知识，具有重要的科学价值。

八、中国农业谚语

农业谚语是千百年来，劳动人民在农业生产中总结出来的经验结晶，它用简单通俗、精练生动的话语反映出农业生产的道理，是中华民族的文化瑰宝，历来深受人民群众喜爱。

“叶靠根长，根靠叶养”“今秋叶子保得好，明年就能多结枣”“今秋叶子落得早，明年结果少又小”，这些谚语都说明果树保叶的重要性。

“水是命，肥是粮”“有水无肥长不好，有肥无水肥无效”“有收无收在于水，收多收少在于肥”“活不活在于水，长不长在于肥”“有水即有肥，无水肥无力”，说明水与肥的重要性和辩证关系。当然也不是越多越好，如“水少是命，水多是病”。

“布谷布谷，赶快种谷”“青蛙呱呱叫，正好种早稻”“青蛙打鼓，豆子入土”“春雷响，万物长”，这些谚语是说要根据物候现象把握农时。

“人在屋里热得跳，稻在田里哈哈笑”“人往屋里钻，稻在田里窜”“人热了跳，稻热了笑”“人怕老来穷，稻怕寒露风。遭了寒露风，收成一场空”，这些谚语形象地表现了种稻与气候的关系。

“庄稼一枝花，全靠肥当家”“粪是农家宝，庄稼少不了”“种田无它巧，粪是庄稼宝”“养猪不赚钱，回头看看田”“零钱攒整钱，养猪过大年”“养猪无巧，窝干食饱”，巧妙说明了农牧结合的关系和如何养好猪。

农业谚语是深埋在民间的一座宝藏，有待于后来人去挖掘和传承。

九、石化农业时代

石化农业对人类的贡献

随着石油工业的发展，各种石油化学产品在农业上广泛应用，农业开始进入石化农业时代。石化农业（以化肥和农药的应用为主要特征）极大地提高了农作物的产量，在解决粮食和饥饿问题上对人类社会做出了巨大的贡献。

近20年来，世界粮食增长1倍，主要是通过提高单产而获得的。其中施用化肥的效果占30%～40%。农药在保产中的效果达到60%～70%，成为控制病虫威胁最主要的手段。

植物的生长和发育需要各类激素调节和控制。由于植物体内的激素含量非常少，提取的方法也比较复杂，人们就人工模拟合成了许多植物激素类似物。它们具有植物激素相同的作用。

塑料薄膜也来源于石油产品。塑料薄膜用来建造温室，透光性能相当好，仅次于玻璃，在阴雨天仍能透过大量的光，特别是透过紫外线。在塑料里加入去雾剂，塑料薄膜就不会凝结水滴，保持透光性能。塑料薄膜保温能力比玻璃强4倍，又薄又轻，成本低廉，具有一定牢度，又能用高频电焊或电烙铁加热焊接或修补。用塑料薄膜育秧，可使温度提高4～6℃甚至更高，可使早稻早播10～20天，提早移栽10天以上，一般能增产两到三成。建造塑料棚育秧可再提高温度2～3℃。人们还试制出红色、紫色、蓝色、绿色等各种彩色农用塑料薄膜，这些薄膜在农业上具有特殊的功用。

此外，各类农业机械的动力能源也来自于石油，农业机械的普及使人类摆脱了繁重的体力劳动。

石化农业对生物环境的负面影响

石化农业是人类发展史上特定时期农业的巨大进步。但化肥和农药的长期过量使用，造成地力衰退、农作物品质下降、环境污染，甚至严重危害人体健康，严重影响农业的可持续发展。在这里不能不提到一本划时代的著作——《寂静的春天》给人们的警示。

《寂静的春天》是一本引发了全世界环境保护事业的书，书中描述人类可能将面临一个没有鸟、蜜蜂和蝴蝶的世界。作者是美国海洋生物学家蕾切尔·卡逊，该书于1962年出版。正是这本不寻常的书，在世界范围内引起了人们对野生动物的关注，唤起了人们的环保意识，这本书同时引发了公众对环境问题的注意，促使环境保护问题被提到各国政府面前，各种环境保护组织纷纷成立，从而促使联合国于1972年6月12日在斯德哥尔摩召开了“人类环境大会”，并由各国签署了《人类环境宣言》，开始了环境保护事业。

未来农业必须由石化农业向现代生态农业转变。

十、未来农业

生物转基因技术

我们知道，生物的遗传信息是由基因控制的，基因是具有遗传效应的DNA片断，不同的基因含有不同的遗传信息，对应控制着生物的某个特定性状。科学家通过研究不同的功能基因，绘制基因图谱，建立基因库，把生物的各种功能基因存储在基因库里，需要时从基因库中挑选提取目的基因，对某种特定的生物基因进行编辑、组装，从而根据人类的需要，产生某种特殊功

转基因育种基因编辑

能的生物物种。这种基因转移技术，称为转基因技术，应用转基因技术培育农作物新品种的方法，称为转基因育种。与传统育种方法相比，转基因技术更先进，减少了基因变异的盲目性，育种效率更高。

在农作物转基因育种中，最主要转入3种外源基因，即转抗虫基因、转抗病基因、转抗除草剂基因。农作物在生长过程中，受到病虫草的为害，转入抗虫、抗病基因后，可免受病虫害的威胁，从而不用或少用农药。为什么要转入抗除草剂基因呢？农田里杂草丛生，靠人工拔除十分困难，必须借助于除草剂，但是除草剂不仅除了杂草，庄稼也会被药死。农作物转入抗除草剂基因后，可以免受除草剂的伤害。

转基因育种也有一定的风险。有人担心人和动物吃了转基因植物后会影响健康，但人类已食用转基因食品多年，类似案件还未见报道。其实更重要的担心是如果转入的基因漂移到杂草上，杂草就会具有抗虫、抗病或抗除草剂的特点，将很难防除，这种杂草将成为农业生产的一大灾难。所以在研究转基因育种时一定要充分考虑各种因素，控制安全隐患。

设施农业

过去的农业生产是地地道道的露天工厂，受自然气候的影响极大，一次寒潮过后会使绿油油的禾苗立刻萎蔫。为了给作物创造出良好的生长环境，人们想到了用干草、秸秆覆盖，但效果较差，且秸秆、干草里有草籽，会在作物中长出杂草。后来人们想到了地膜覆盖。地膜覆盖不仅保温防冻效果好（一般可比露地栽培增温6～7℃），而且还可保持湿度，节约用水，调节光照，对农作物生长非常有利，可增产一成以上。

农业智能温室

现在人们不仅使用地膜，而且还给农作物建起了塑料大棚。塑料大棚的建立，改变了作物的生存环境，大大延长了作物的生长时间，可使作物大幅度增产，更为重要的是，塑料大棚使人们盼望已久的反季节栽培成为现实。冰天雪地的隆冬，大棚里面套小棚，小棚里面铺地膜，棚内温暖如春，作物茁壮生长，“隆冬吃西瓜”不再是天方夜谭。夏天，烈日当空，气温高达40℃，但只要在棚上加盖遮阳网，棚内温度可降至30℃，作物仍能生长，这种方法一举解决了夏天蔬菜生产难题。

在设施农业发展过程中，科学家在原先平面农业的基础上提出垂直农业的新概念，建设摩天农业设施。在拥有健全环境控制系统的摩天大楼内种植农作物有如下优势：提高水肥利用率；在食物消费地种植食物，节省了从外地运输所需的燃料；在室内种植对地点、气温、湿度、土壤成分等作物生长所需基本要素的选择具有灵活性；不必担心遭遇恶劣的气候条件，如干旱、洪水、疫情等。摩天农场内，所有的水都被循环利用；植物不使用堆肥；产生的甲烷等气体被收集起来变成热量；牲畜的排泄物成为能源的来源等。建设摩天农场，是一种获取食物、处理废弃物的新途径。

智慧农业

随着现代信息技术的发展，农业将逐步进入智慧农业时代。传统农业生产活动中的浇水灌溉、施肥、打药，农民依靠人工估摸，全凭经验和感觉来完成。而应用物联网，诸如瓜果蔬菜的浇水时间，打药怎样保持精确的浓度，施肥如何精准投放，如何实行按需供给等一系列作物在不同生长周期曾被“模糊”处理的问题，都有信息化智能监控系统实时定量“精确”把关，农民只需按个开关，做个选择，或是完全听“指令”，就能种好菜、养好花。

农业机器人

农博士

用机器人来代替繁重的人工操作一直是人们的梦想。农业机器人是机器人在农业生产中的运用，农业机器人其实就是一种新型多功能农业机械。在进入21世纪以后，新型多功能农业机器人开始得到日益广泛的应用，智能化机器人在广阔的田野上越来越多地代替手工完成各种农活，新的农业革命正在到来。

嫁接机器人

日本西瓜的100%，黄瓜的90%，茄子的96%都靠嫁接栽培，每年大约嫁接10亿棵。由于看到了蔬菜嫁接自动化及嫁接机器人技术在农业生产上的广阔前景，日本一些实力雄厚的厂家竞相研究开发嫁接机器人，嫁接对象涉及西瓜、黄瓜、番茄等。

施肥机器人

美国明尼苏达州一家农业机械公司的研究人员推出的机器人别具一格，它会从不同土壤的实际情况出发，适量施肥。它的准确计算合理地减少了施肥总量，降低了农业成本。

除草机器人

英国科技人员开发的菜田除草机器人所使用的是一部摄像机和一台识别野草、蔬菜和土壤图像的计算机组合装置，利用摄像机扫描和计算机图像分析，层层推进除草作业。它可以全天候连续作业，除草时对土壤无侵蚀破坏。科学家还准备在此基础上，研究与之配套的除草机械来代替除草剂。

采摘机器人

西班牙科技人员发明的这种机器人由一台装有计算机的拖拉机、一套光学视觉系统和一个机械手组成，能够从橘子的大小、形状和颜色判断出是否成熟，决定可不可以采摘。它工作的速度极快，每分钟摘柑橘60个，而靠手工只能摘8个左右。

分拣机器人

在农业生产中，将各种果实分拣归类是一项必不可少的农活，往往需要投入大量的劳动力。英国研究人员开发出一种结构坚固耐用、操作简便的果实分拣机器人，从而使果实的分拣实现了自动化。它采用光电图像辨别和提升分拣机械组合装置，可以在潮湿和泥泞的环境里干活，它能把大个儿的番茄和小粒樱桃加以区别，然后分拣装运，也能将不同大小的土豆分类，并且不会擦伤果实的外皮。

植保机器人

我国深圳大疆创新科技有限公司宣布推出一款智能农业喷洒防治无人机，此款无人机药剂喷洒泵采用智能控制，与飞行速度联动，作业过程中实时扫描植物表面的高低起伏，自动保持与农作物间的距离，确保均匀喷洒。

无人农场

随着农业规模的不断扩大，如何指挥大型农业机械（或机器人）在更大规模下自动化开展农业生产作业，这就必须用到“3S”技术，来实现农业管理的精准化、自动化、智能化，进入无人农场时代。

所谓“3S”技术，就是通过卫星遥感（RS）影像采集并准确反映农业用地的状态以及农作物生长情况的数据；通过地理信息系统技术（GIS）对遥感获得的土壤、农作物状况数据进行分析，形成各种类型的农业地图，在农业地图上进行农事操作；通过卫星导航定位技术（GPS），实现农机具或机器人自动化驾驶作业。从此农业作业可不分白天黑夜，全天候24小时进行工作。

白色农业

白色农业是指以微生物产业化为中心的工业型新农业，包括高科技生物发酵工程和酶工程。白色农业生产环境高度洁净，生产过程不存在污染，其产品安全、无毒副作用，加之人们在工厂车间穿戴白色工作服帽从事劳动生产，故形象化地称之为“白色农业”。传统农业是以水、土为基础的绿色植物种植业。而微生物农业（白色农业）主要依靠人工能源，不受气候和季节的限制，可常年在工厂内大规模生产，是真正的工厂农业。传统的绿色农业资源利用不经济，一年劳动生产出的产物，一般只能直接利用40%～50%，其余作为废弃物处理。而微生物农业（白色农业），可将动植物的有机废弃物经微生物处理转化为饲料或食物，从而节约了资源，实现了资源的循环综合利用。微生物农业（白色农业）把传统绿色农业向“光”(阳光)要粮、向地要粮的生产方式，转变为向“草”(秸秆)要粮、向废弃物要粮的生产方式。

白色农业

与传统种植业生产粮食相比，它具有生产周期短，高产、高效，产品无污染、无毒副作用，节约水土资源，不污染环境，资源可综合利用的特征。由此可见，微生物农业（白色农业）是人们追求低碳农业的最高境界。

美景田园

现代科学技术，为古老的农业插上了腾飞的翅膀，食物生产极大丰富，休闲时代正在来临。人们不仅追求吃饱，更追求吃好，还追求玩好。特别是长期居住在城市的人们被“水泥丛林”所包围，被“柏油沙漠”所困扰，特别向往自然美丽的田园风

美丽田园

光。所以今后农业还要种出花样,通过各种创意手段，建设美景田园，发展休闲农业，实现产业基地“产区变景区、田园变公园、产品变商品”的目标。未来农村到处是青山绿水，到处是金山银山。

耕海牧渔

说完陆地再说海洋。海洋是一个巨大的鱼库，有人估算，海洋里的鱼有25000种，2.4亿吨。自古以来，海洋留给人类的是巨大的诱惑。

捕鱼拾贝是居住在海边的原始人的谋生手段。鱼、虾、贝、藻是滋味鲜美、营养丰富的高蛋白食品,“鲜”字的左半就是鱼。发展到现在，乘坐渔船出海，用网、钓钩等工具捕鱼仍是一种主要的海洋产业。过去为防止腐烂，把捕到的鱼加盐腌或晒干保存，但是这样制成的鲞，味道不如鲜鱼。现在用冷冻船，在船上把捕到的鱼及时速冻保鲜，使远离海洋的人也能吃到海味。大型渔船简直就是一个加工厂，能把鱼加工成半成品、罐头，不能吃的部分也能制成鱼粉，可以做饲料、肥料。渔场大部分形成在寒流、暖流交汇的锋面处，以及有上升流存在的海域。前者有我国舟山、加拿大东岸、北海挪威海、北太平洋渔场，后者有秘鲁渔场。

20世纪，我国海洋捕捞业年产高达1000万吨左右，占世界的1/8，居第一位。可这个第一是靠“竭海而渔”得来的，成千上万的小渔船，用网孔很小的网，一次一次地搜刮，已经把我国近海的渔业资源破坏，形不成渔汛了。

怎样解决现实的危机？可行的途径是实行可持续发展战略，了解近海资源的可开发量，不过量捕捞。近年来，我国兴建了一批远洋渔船，到公海大洋去捕鱼。限制网孔的尺寸，不允许使用小网孔的网，以防把幼鱼都捕光。规定每年幼鱼生长的季节为禁渔期，在这段时间内把渔船都封存起来，让鱼儿能繁殖、长大。更积极的办法是人工增加渔业资源，孵化培育一批洄游性的幼鱼幼虾，选择合适的地方放流。例如，在渤海放对虾，东海放黄鱼等。有些鱼喜欢在礁石附近生活，就投其所好，把废轮胎、废建筑物或专门制造的人工渔礁（多孔的水泥块）投到浅海海底，礁上长满海藻、贝类，鱼也就在那里繁殖了。

近年来，科学家提出“耕海牧渔”的宏伟构想，要把海洋建成“蓝色的农牧场”。我国在浅海、滩涂里种植藻类，养殖虾

蟹、贝类和鱼类，已经成为大规模的产业，年产量达到百万吨以上。包括淡水养殖，2000年已基本赶上捕捞业的产量。“牧渔”的关键在于选育良种，把野生的鱼、虾、贝、藻驯化成能够家养的，研究出一套养殖的技术和抗病的技术来。目前主要是利用浮在海面的支架种海带和紫菜，用网箱养扇贝、鲷鱼、梭鱼、鲈鱼、石斑鱼，在池子里养虾、蟹、鲍鱼、海参、海胆，滩涂中养蚶、蛤、蛏、牡蛎等。有些沿海地区已靠养殖脱贫致富。但病害的问题还没有彻底解决，有时竟使一年的辛苦付诸东流。还有大量投放饲料会使海域富营养化，发生赤潮。因此，立体养殖是一种好办法，就是海面养藻，上层网箱养扇贝，中间网箱养鱼，海底养贝和海珍品，这样就可以形成健康的生态环境。“耕海牧渔”正在从梦想走向现实。

第四章

农业科学家

科学家的每一次成功探索，都在人类前进史上留下了深深的足迹。在群星闪耀的农业科学家中，有生物遗传学奠基人孟德尔，基因学说创始人摩尔根，微生物学的鼻祖巴斯德，世界杂交水稻之父袁隆平……

一、世界科学巨人

达尔文——创立生物进化论

达尔文（1809—1882），是英国博物学家。达尔文从小就热爱大自然，尤其喜欢采集矿物和动植物标本。进入医学院后，他仍然经常到野外采集动植物标本。父亲认为他“游手好闲”“不务正业”，一怒之下，于1828年又送他到剑桥大学，改学神学，希望他将来成为一个“尊贵的牧师”。达尔文对神学院的神创论等谬说十分厌烦，他仍然把大部分时间用在听自然科学讲座、自学大量的自然科学书籍上。热心于收集甲虫等动植物标本，对神秘的大自然充满了浓厚的兴趣。

22岁那年，他以博物学家的身份，自费参加了英国派遣的环球航行，开始了为期5年的科学考察。达尔文每到一地总要进行认真的考察研究，采访当地的居民，有时请他们当向导，爬山涉水，采集矿物和动植物标本，挖掘生物化石，发现了许多没有记载的新物种。他白天收集谷类岩石标本、动物化石，晚上又忙着记录收集经过。在考察过程中，达尔文根据物种的变化，整日思考着一个问题：自然界的奇花异草，世间万物究竟是怎么产生的？它们为什么会千变万化？彼此之间有什么联系？这些问题在脑海里越来越深刻，逐渐使他对神创论和物种不变论产生了怀疑。他在动植物和地质方面进行了大量的观察和采集，经过综合探讨，形成了生物进化的概念。1859年出版了震动当时学术界的《物种起源》一书。书中用大量资料证明了形形色色的生物都不是上帝创造的，而是在遗传、变异、生存斗争和自然选择中，由简单到复杂、由低等到高等不断发展变化的，提出了生物进化论学说，这就是我们熟知的“物竞天择，适者生存”，从而摧毁了各种唯心的神造论和物种不变论。恩格斯将“进化论”列为19世纪自然科学的三大发现之一(其他两个是细胞学说，能量守恒和转化定律)。

孟德尔——创立现代遗传学

孟德尔，1822年出生于当时奥地利海森道夫地区的一个贫苦农民家庭，他的父亲擅长园艺技术，在父亲的直接熏陶和影响之下，孟德尔自幼就爱好园艺。

1843年，他中学毕业后考入奥尔米茨大学哲学院继续学习，但因家境贫寒，被迫中途辍学。1843年10月，因生活所迫，他步入奥地利布隆城的一所修道院当修道士。从1851年到1853年，孟德尔在维也纳大学学习了4个学期，系统学习了植物学、动物学、物理学和化学等课程。与此同时，他还受到了从事科学研究的良好训练，这些都为他后来从事植物杂交的科学研究奠定了坚实的理论基础。1854年孟德尔回到家乡，继续在修道院任职，并利用业余时间开始了长达12年的植物杂交试验。在孟德尔从事的大量植物杂交试验中，以豌豆杂交试验的成绩最为出色。经过整整8年（1856—1864）的不懈努力，终于在1865年发表了《植物杂交试验》的论文，提出了遗传单位是遗传因子（现代遗传学称为基因）的论点，并揭示出遗传学的两个基本规律——分离规律和自由组合规律。这两个重要规律的发现和提出，为遗传学的诞生和发展奠定了坚实的基础，这也正是孟德尔名垂后世的重大科研成果。

孟德尔的这篇不朽论文虽然问世了，但令人遗憾的是，由于他那不同于前人的创造性见解，在他所处的时代显得太超前了，他的科学论文在长达35年的时间里，没有引起生物界同行们的注意。直到1900年，他的发现被欧洲3位不同国籍的植物学家在各自的豌豆杂交试验中分别予以证实后，才受到重视和公认，遗传学的研究从此很快地发展起来。

孟德尔豌豆杂交实验的结果

性状	子二代显性数目	子二代隐性数目	显性：隐性
种子的形状	圆粒5474	皱粒1850	2.96：1
茎的高度	高茎787	矮茎277	2.84：1
子叶的颜色	黄色6022	绿色2001	3.01：1
种皮的颜色	灰色705	白色224	3.15：1
豆荚的形状	饱满882	不饱满299	2.95：1
豆荚的颜色	未成熟428	黄色152	2.82：1
花的位置	腋生651	顶生207	3.14：1

小朋友，你能从上表结果中发现什么规律吗？

（答案是显性：隐性≈3：1）

摩尔根——基因学说的创始人

摩尔根（1866—1945），美国生物学家。童年时的小摩尔根就是一个“博物学家”，对大自然中的一切都充满了好奇。他最喜欢的游戏就是到野外去捕蝴蝶、捉虫子、掏鸟窝和采集奇形怪状、色彩斑斓的石头。他经常趴在地上半天不起来，仔细观察昆虫是如何采食、如何筑巢的。有时他还会把捕捉到的虫、鸟带回家去解剖，看看它们身体内部的构造。

在攻读博士研究生期间和获得博士学位后的10多年里，摩尔根主要从事实验胚胎学的研究。1900年，孟德尔逝世16年后，他的遗传学说才又被人们重新发现。一开始摩尔根很怀疑这些理论。因为他认为这些定律可能只适合于豌豆而不适用于其他生物。他曾用白腹黄侧的家鼠与野生型杂交，得到的结果五花八门。与此同时，德弗里斯的突变论却越来越使他感到满意，他开始用果蝇进行诱发突变的实验。他的实验室被同事戏称为“蝇室”，里面除了几张旧桌子外，就是培养了千千万万只果蝇的几千个牛奶罐。1910年5月，他的妻子兼实验室的实验员发现了一只奇特的雄蝇，它的眼睛不像同胞姊妹那样是红色，而是白色的。这显然是个突变体，注定会成为科学史上最著名的昆虫。摩尔根极为珍惜这只果蝇，将它装在瓶子里，睡觉时放在身旁，白天又带回实验室。经过精心培养，他终于让它同一只正常的红眼雌蝇交配以后才死去，留下了突变基因，以后繁衍成一个大家系。

这个家系的子一代全是红眼的，显然红对白来说，表现为显性，正合孟德尔的实验结果，摩尔根不觉暗暗地吃了一惊。他又使子一代交配，结果发现了子二代中的红、白果蝇的比例正好是3：1，这也是孟德尔的研究结果，于是摩尔根对孟德尔更加佩服了。

摩尔根决心沿着这条线索追下去，看看动物到底是怎样遗传的。他进一步观察，发现子二代的白眼果蝇全是雄性，这说明性状(白)的和性别(雄)的因子是连锁在一起的。摩尔根设想染色体就是基因的载体，他和他的学生还推算出了各种基因染色体上的位置，并画出了果蝇4对染色体上的基因所排列的位置图。摩尔根在长期的实验中发现了遗传学的第三大定律——连锁和交换定律。基因学说从此诞生了，男女性别之谜也终于被揭开了。从此遗传学结束了空想时代，重大发现接踵而至，并成为20世纪最为活跃的研究领域。

法布尔——举世无双的昆虫观察家

法布尔（1823—1915），世界著名昆虫学家，出生于法国南部圣雷翁村一户农家，童年在乡间与花草虫鸟一起度过。由于贫穷，他连中学也无法正常读完，但他坚持自学，一生中先后取得了物理、数学、自然科学学士学位和自然科学博士学位。1879年，著名的《昆虫记》第一卷问世。1880年，他终于有了一间实验室，一块荒芜不毛但却是矢车菊和膜翅目昆虫钟爱的土地，他风趣地称之为“荒石园”。在余生的35年中，法布尔就蛰居在荒石园，一边进行观察和实验，一边整理前半生研究昆虫的观察笔记、实验记录、科学札记等资料，完成了《昆虫记》的后9卷。1915年，92岁的法布尔在他钟爱的昆虫的陪伴下，静静地长眠于荒石园。

法布尔总是抓住一切可能的机会进行观察，常常着迷地观察昆虫的活动。有一次，法布尔爬到一棵树上，观察蜣螂的活动，他专心致志地观察把周围的一切都忘了。结果,别人误把他当小偷，要抓他，这才把他从观察活动中惊醒。一天早上，几个农村妇女出外干活，看见法布尔躺在路上，睁大眼睛看着一块石头。到黄昏时，这些妇女回家去，看见他仍躺在路上，原来，法布尔一整天都在观察那块石头上的昆虫。

为了得到某个具体的观察结果，法布尔常常连续几星期甚至几年持续进行观察活动，直到有结果为止。他曾花了几个星期，观察一堵古老的墙头，仔细研究鳖甲蜂捕捉囊蛛的动作。他还花了整整3年时间，观察雄蚕蛾如何向雌蛾“求婚”的过程。但是，当快要得到结果时，蚕蛾不巧被一只螳螂吃掉了。结果，他又花了整整3年时间，才得到完整而准确的观察记录。正是靠着这种长期的、坚持不懈的观察，法布尔才揭开了昆虫世界种种有趣的秘密，达尔文因此赞扬他是“举世无双的观察家”。

列文虎克——微生物研究的开山祖

列文虎克出生在荷兰东部一个名叫德尔福特的小城市，16岁便在一家布店里当学徒，后来在当地开了家小布店。当时人们经常用放大镜检查纺织品的质量，列文虎克从小就迷上了用玻璃磨

放大镜。正好他得到一个兼做德尔福特市政府管理员的差事，这是一个很清闲的工作，所以他有很多时间用来磨放大镜，而且放大倍数越来越高。因为放大倍数越高，透镜就越小，为了用起来方便，他用两个金属片夹住透镜，再在透镜前面按上一根带尖的金属棒，把要观察的东西放在尖上观察，并且用一个螺旋钮调节焦距，制成了一架显微镜。连续好多年，列文虎克先后制作了400多架显微镜，最高的放大倍数达到200～300倍。用这些显微镜，列文虎克观察过雨水、污水、血液、辣椒水、腐败了的物质、酒、黄油、头发、精液、肌肉和牙垢等许多物质。从列文虎克写给英国皇家学会的200多封附有图画的信里，人们可以断定他是全世界第一个观察到球形、杆状和螺旋形的细菌及原生动物的人，他还第一次描绘了细菌的运动。

100多年以后，当人们在用效率更高的显微镜重新观察列文虎克描述的形形色色的“小动物”，并知道它们会引起人类严重疾病和产生许多有用物质时，才真正认识到列文虎克对人类认识世界所做的伟大贡献。

巴斯德——微生物学的奠基人

继列文虎克发现微生物世界以后的200年间，微生物学的研究基本上停留在形态描述和分门别类阶段。直到19世纪中期，以法国的巴斯德（1822—1895）和德国的柯赫(1843—1910)为代表的科学家才将微生物的研究从形态描述推进到生理学研究阶段，揭露了微生物是造成腐败发酵和人畜疾病的原因，并建立了分离、培养、接种和灭菌等一系列独特的微生物技术。从而奠定了微生物学的基础，同时开辟了医学和工业微生物等分支学科。巴斯德和柯赫是微生物学的奠基人。由巴斯德发明的巴氏消毒法（60～65℃短时间加热处理，杀死有害微生物的一种消毒法）一直沿用至今。

巴斯德最主要的成就是用实验否定了当时的生物“自生说”（“自生说”认为一切生物是自然发生的）。由于技术问题，如何证实微生物不是自然发生的当时是一个很大的难题，这不仅是“自生说”的一个顽固阵地，同时也是人们正确认识微生物生命活动的一大屏障。巴斯德用著名的曲颈瓶试验无可辩驳地证实，空气内确实含有微生物，它们会引起有机质的腐败。从而证实了微生物只能从微生物产生而不能自然地从没有生命的物质发生。从此，人们开始认识到无菌操作的重要。灭过菌的物质在适当保护下将保持无菌状态，除非有人去感染它。巴斯德奠定了这个微生物学的基本原理。

李比希——农业化学奠基人

李比希（1803—1873），德国科学家。李比希在农业化学上提出了3个重要定律，“木桶原理”是其中之一，正由于此，他成了农业化学当之无愧的奠基人。李比希14岁时，他就立志成为一名化学家，21岁时，果然走上了德国奇森大学的化学教授岗位；1826年他把一个废弃的营房改建成世界上第一个用于教学的化学实验室；他还发明了镀银的玻璃镜；提出了动物的机械能以及它

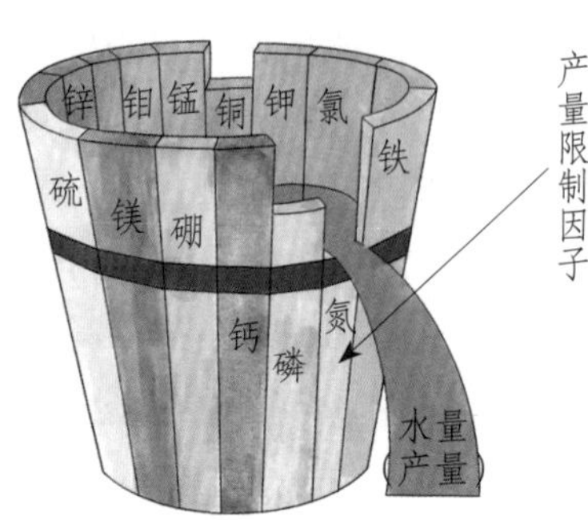

木桶原理

们的体热是由它们的食物化学能转化来的设想，为能量守恒定律又提出了一个研究论证方向。正由于李比希这些卓越贡献，他成了德国历史上少有的几位最著名的科学家之一。

“木桶原理”是李比希1843年发表的《化学在农业和植物生理学上的应用》论文中首先提出的，当作物生长的营养环境中缺少某个因子时，产量即受这个因子制约，而且产量随着这个因子的增加而提高。如果把作物生长所需要的营养看成是箍成木桶的每一块木板，对于一个沿口不齐的木桶来说，它盛水的多少，不在于木桶上那块最长的木板，而在于最短的那块木板。用木桶盛水缺少任何一块木板都不行，要发挥每块木板的最大效能，提高储水量，唯一可行的办法就是将短木板加长，用在作物营养生长上就是给作物补充最缺的肥料。

米丘林——俄国伟大的植物学家

米丘林(1855—1935)，生长在园艺家的家庭里，自幼就爱好果树园艺。8岁已会接木。米丘林是渴望读书的人。青年时期，他把所赚得的钱省下来买栽培果树的用具、参考书和杂志等，并研究如何改良果树品种，如何把俄国中部和北部的果树品种充实起来的问题，在极其艰苦的条件下从事果树研究工作。他毕生培育出果树新品种300多个。

俄国气候、土壤条件恶劣，无法套用国外的先进技术，即使引入优良品种也禁不住天寒地冻的折磨。他尝试用环境胁迫苗木，果不其然，植物对寒冷的忍耐能力变强了。而且米丘林还发现，通过嫁接，能使作物获得砧木的抗寒属性。通过嫁接、环境胁迫能提高抗性，甚至改变性状，这便是米丘林赖以培育新种的理论，这显然与孟德尔的遗传理论不同。他说："我毫不否认孟德尔定律的价值，相反地，我不过是坚持对它加入一些修正和补充。"米丘林提倡学生自主思考，他曾说："懂得我的理论和方法的不算是我的好学生，推翻我的理论和方法的才是我的好学生。"

二、中国近现代农业科学家

丁颖——中国现代稻作科学研究先驱

丁颖（1888—1964）教授是著名的农业科学家、教育家、水稻专家，毕生从事水稻研究工作。1926年，他在广州郊区发现野生稻，1933年，他发表了《广东野生稻及由野生稻育成的新种》，论证了我国是栽培稻种的原产地，否定了"中国栽培稻起源于印度"之说。

早在20世纪30年代初，他就进行水稻杂交育种研究。1933年，他选育的"中山一号"是世界上第一次用野生稻种质与栽培稻育种工作的成功尝试。1936年，他用野生稻与栽培稻杂交，获得世界上第一个水稻"千粒穗"品系，曾引起东亚稻作学界极大关注。他从农业生产实际出发，选育出60多个优良品种在生产上应用，对提高水稻产量和品质做出了贡献。他还创立了水稻品种多型性理论，为开展品种选育和繁种工作提供了重要理论依据。

他长期运用生态学观点对稻种起源演变、稻种分类、稻作区域划分、农家品种系统选育以及栽培技术等方面进行系统研究，取得了重要成果，为稻种分类奠定了理论基础，为我国稻作区域划分提供了科学依据。

金善宝——中国现代小麦科学奠基人

金善宝（1895—1997）是我国著名的农学家、教育家，中国现代小麦科学主要奠基人。长期从事小麦科学研究工作，特别是在小麦的分类和育种研究方面做出了卓越贡献。

早在20世纪30年代，他从全国790个县搜集到的小麦品种里，鉴定出“江东门”等一批优良品种，在生产上进行推广应用。1937年，他从世界各地3000多份材料中选出了适合我国生长的“矮粒多”和“南大2419”优良品种，在长江流域13个省份大面积推广种植。1949年以后，从全国征集到5544个小麦品种，他对这些品种进行了重要经济性状的观察、鉴定、形态分类和生态分类研究，把它们分属于普通小麦、密穗41麦、圆锥小麦、硬粒小麦和云南小麦5个种，126个变种。普通小麦经他鉴定有93个变种，其中19个和云南小麦6个变种是他定名的。云南小麦新种的发现，对中国小麦起源和对世界小麦研究是一个贡献。20世纪60年代初，他进行春小麦新品种选育和加代研究，采取“北方春播-高山夏播–南方秋播”，实现一年繁殖两代或三代小麦，大大缩短了小麦新品种选育的时间，先后培育出“京红”和“京春”春小麦新品种。这些品种，在早熟、抗病、丰产、籽粒品质等方面赶上和超过墨西哥小麦，荣获全国科学大会奖。

陈永康——著名农民科学家

陈永康，中华人民共和国成立初期著名的农民科学家。1907年4月6日生于黄浦江之滨松江县长溇乡长岸村一个普通农民家庭，13岁即下田干活，一生都在田里忙活。

陈永康青年时代练就一手过硬的种田本领，25岁便挑起八九口之家的生活重担。20世纪40年代，他从邻乡采回一个好稻穗，用“一穗选”的育种法成功选育出“老来青”晚粳稻品种，成了远近闻名的“种田状元”。

1951年，他用多年积累起来的经验栽培七八亩“老来青”晚粳稻，获得高额丰产。经专家、技术员核产，平均亩产573.5千克（1147斤），其中有一亩田亩产达716.5千克（1433斤），创造了全国水稻单产最高纪录。

1958年，他在“全国水稻丰产科学技术交流会”上，创造性地提出了水稻“三黄三黑”丰产栽培技术经验。所谓“三黑”，就是通过施肥，使水稻在发棵、长粗和长穗3个时期，叶色由淡变深，以促进分蘖、壮秆和大穗；所谓“三黄”，是在水稻分蘖末期、长穗初期和抽穗前，适当控制肥水，俗称“搁田”，使叶色褪淡，借以抑制无效分蘖，促进茎秆壮实，稻叶坚挺，这样就会

出穗整齐，不易倒伏，结实好，籽粒壮。陈永康“三黄三黑”的水稻高产栽培理论在全国总结推广后，对20世纪60年代初战胜三年自然灾害做出了很大的贡献。

1958 年，陈永康调入中国农业科学院江苏分院，任特约研究员。作为著名水稻栽培专家，他仍保持农民本色。每次出差，陈永康总是背一只草绿色帆布书包，脚上穿一双旧的塑料凉鞋。下乡考察，一到目的地，就把鞋子留在招待所，赤脚走路，说是赤脚风凉，好走。别人担心他戳破脚板，他说，他的脚底板练出来了，不怕戳也不怕烫。他还风趣地说：“什么鞋的鞋底都是越穿越薄，只有我这双‘鞋’最实惠，鞋底越穿越厚。”

袁隆平——杂交水稻之父

大米是我国人民的主食之一，全球有半数以上的人口以大米为主食。大米来自稻谷，谁能培育出优质、高产的水稻品种，无疑谁就是对中国和世界的重大贡献。在这方面贡献最大的当是袁隆平院士，他被尊称为“世界杂交水稻之父”。

袁隆平是江西德安人，1953年毕业于西南农学院，一直从事农作物育种研究。他与助手们利用多个品种的水稻和他们辛苦发现的一种野生稻进行杂交，经过多年的繁殖和选育，培育出多个高产而优质的杂交水稻新品种。我国2002年发表的水稻基因组测序成果，用的就是袁隆平培育的“籼稻9311”品种。负责测序工作的杨焕明教授认为：袁隆平的超级杂交水稻找到了很好的基因组合。这就从基因组研究的水平上，确证了袁隆平育种实践的先进性。他培育的杂交水稻品种，已累计增产1500多亿千克，为农民增收500多亿元。2001年2月，他被授予国家最高科学技术奖。

袁隆平有个“禾下乘凉梦”：“水稻长得像高粱那么高，穗子像扫帚那么长，籽粒有花生那么大，我和同事们工作累了，可以在稻下乘凉……”这是袁隆平的“中国梦”，即不停地追求粮食高产、更高产、超高产和高品质，让饥饿永远远离中国人，也造福全世界那些还吃不饱饭的人们。90 岁的他，依然活跃在实验室和希望的田野上，他在向更高级的超级杂交稻研究高峰攀登！

李振声——登上小麦育种峰顶的人

1956 年，李振声响应国家支援大西北号召，离开北京赴陕西杨凌，进入当时的中国科学院西北农业生物研究所工作。那年，正赶上严重的小麦条锈病大流行，有的地方小麦减产两到三成。李振声受到很大触动，决心培育抗病小麦。但当时，他研究的方向是牧草。“农民精心栽培小麦几千年，但小麦还是这么体弱多病；野草没人管，却长得很好。”李振声想，能不能通过小麦与牧草杂交来培育抗病性强的小麦品种？他从此开始了小麦远缘杂交的研究。

让两个风马牛不相及的物种杂交谈何容易——杂交不亲和、杂种不育和后代“疯狂分离”是三大难题。李振声带领课题组人员开展了大量的研究，逐一攻克。

1964年6月，在经历了连续40天阴雨后，天气忽然放晴。实验田里的1000多份杂种几乎全青枯了，只有一个保持着金黄色，

这就是后来功勋卓著的小麦新品种“小偃6号”的祖父——“小偃55－6”。此后，经过两次杂交，李振声带领课题组终于育成我国第一个通过远缘杂交获得的抗病、高产、稳产、优质小麦新品种“小偃6号”。

1979 年，“小偃 6 号”开始参加区域试验，随后大面积示范推广。当时，陕西农村流传着“要吃面，种小偃”的说法。1985 年，“小偃 6 号”获得国家发明一等奖。这个品种已成为我国小麦育种的重要骨干亲本，衍生出 50 多个品种，累计推广 3 亿多亩，增产超 75 亿千克。2006 年度李振声院士获国家最高科学技术奖。

郭三堆——中国抗虫棉之父

中国是棉花生产大国。中国棉花育种的奇迹与这样一个名字紧密相连——他就是“中国抗虫棉之父”、中国农业科学院郭三堆研究员。

20世纪90年代棉铃虫大暴发，导致全国出现“棉荒”。棉铃虫专吃棉铃和花蕾，原本在棉花生育期只需喷洒 1～3 次农药就能治的棉铃虫，喷药20多次依然安然无恙，于是，只好发动“人民战争”人工下田抓虫，有时一天一个人能抓几斤虫，一些棉区，棉花几乎无法再种。

在这样的情况下，中国农业科学院郭三堆和同事们独立自主地开始了中国抗虫棉的分子育种研究，他们先是将一种细菌来源的、可专门破坏棉铃虫消化道的Bt杀虫蛋白基因经过改造，转到了棉花中，接着乘胜追击，将杀虫机理不同的两种抗虫基因同时导入棉花，研制成功了一种具有双重抗虫保险的新型棉花——转基因双价抗虫棉，取得了我国植棉史上“人虫大战”的重大胜利。农药使用量大量减少，在一般年份下，抗虫棉在减少用药60%～80%的情况下不影响产量。目前，国产抗虫棉技术正在走出国门，出口到印度等多个国家。

李登海——玉米大王

李登海是出生在山东省莱州市后邓村的农民发明家。1968年李登海初中毕业，恰逢“文化大革命”，一个农村少年上大学的梦想被浇灭了，回乡后的李登海决心用自己的知识改变低产的局面，从此与玉米结下了不解之缘。1972年年仅23岁的李登海担任了村里农科队的队长，提出了一个在当时天方夜谭的目标——要搞亩产750千克的玉米新品种试验。为了实现这个目标，几年间，他硬是就着煤油灯，学完了《遗传育种》和《土壤肥料》等十几种基础理论书籍，写下了20余万字的读书笔记和试验记录，整理了20多项有关育种、栽培、肥料等方面的试验材料。同时，他虚心向莱阳农学院的老师求教，得到了刘恩训老师的指导，并从刘恩训老师那里得到了20粒来自美国的分离自交系的基本材料——“XL80”。

李登海如获至宝把这20粒“XL80”播进自己的地里，开始了他的科学试验，在搞了4000多个组合，考察记录了50多万个数据后，终于从这20粒“XL80”种子里，分离选育出“掖107”这个比较理想的自交系。并且在不断分离的“XL80”系统里，开

始出现了高配合力和高产的株系。李登海历经 17 年的艰辛攻关，在海南岛和家乡的土地上，先后培育出“掖单 2 号”“掖单 8 号”“掖单 6 号”等高产玉米良种，其中紧凑型玉米杂交种“掖单 2 号”，亩产高达 903.6 千克，创我国春玉米亩产最高纪录。

30多年间，李登海先后选育玉米高产新品种80多个，6次开创和刷新了中国夏玉米的高产纪录。他主持选育的“掖单”系列玉米新品种，曾获国家科技进步奖一等奖。被称为“中国紧凑型杂交玉米之父”，他与“杂交水稻之父”袁隆平齐名，共享“南袁北李”的美誉。

吴明珠——毕生从事甜蜜的事业

你吃过8424西瓜吗？这是当今人们最喜欢吃的西瓜了，它的发明人是新疆农业科学院吴明珠院士。吴明珠院士毕生从事甜蜜的事业——甜瓜、西瓜育种工作，是新疆甜瓜、西瓜育种事业的开创者。最早开始新疆甜瓜、西瓜地方品种资源的收集和整理，挽救了一批濒临绝迹的资源。并从中系统选育出红心脆、香梨黄、小青皮等甜瓜品种，其中红心脆品质最佳。

吴明珠在国内率先采用远生态、远地域、多亲复合杂交、回交及辐射育种等技术，选育出著名的甜瓜品种——皇后。它集优质、美观、抗病于一身，畅销祖国内地和香港。她选育的西瓜品种早佳8424，从20世纪80年代推广至今，一直是上海及浙江、江苏一带最受欢迎的早熟品种。

20世纪90年代吴明珠院士团队建立起特有的脆肉型甜瓜无土

栽培体系，将新疆大陆性气候特产——哈密瓜南移广东、海南，东移上海等地进行商品性生产试验并获得成功和进行推广，填补了国内外哈密瓜无土栽培的空白，同时培育出一批适应东部、南部大棚栽培的改良型哈密瓜新品种，如98-18、金凤凰、绿宝石等，深受东南部广大农民的欢迎。真正使新疆哈密瓜走出新疆，面向全国。

范必勤——中国试管动物之父

试管动物是将哺乳动物的卵子和精子，在体外条件下完成受精过程，并培养成胚胎，移植入雌性动物生殖道内借腹怀胎而获得的后代。由于体外受精一般都在试管内进行，所以称为“试管动物”。在中国，最早研究试管动物、创造了一个又一个生命奇迹的，是江苏省农业科学院胚胎工程实验室，其领头人是被称为中国“试管动物之父”的范必勤研究员。

范必勤原在江苏省农业科学院从事家畜繁殖和人工授精研究。1982—1983年，他以访问学者的身份在美国从事仓鼠、牛和猴的胚胎发育、胚胎移植和体外受精研究。回国后，他主持了江苏省农业科学院胚胎工程研究室的科研工作，开始研究家兔的超数排卵、胚胎移植和体外受精。

“试管兔”是第一个被他攻克的动物。当时，我国从德国引进了一批优良的安哥拉毛兔。刚引进时，有20%的母兔不育，而一对安哥拉毛兔的进口价格高达250美元，养殖户根本买不起。如果国内能掌握超数排卵和胚胎移植技术，就能自己生产这种兔子，

然后普及给养殖户。1986年，范必勤邀请了两名美国专家来胚胎研究室合作研究试管兔技术。经过国内外专家的共同努力，终于在1986年10月，一只母兔“借腹怀胎”，并顺利产下了两窝共5只“试管兔”，成为我国第一批试管动物，轰动世界。之后，范必勤教授连摘多项桂冠——1989年全国第一只冷冻体外受精胚胎试管牛在范必勤手中诞生；仅隔一年，全国第一批试管牛又顺利在南京生产。

范必勤研究员一生先后完成了兔、仓鼠、松鼠猴、奶牛、水牛、猪6种动物的体外受精研究，为中国人争了一口气。

赵亚夫——中国农业战线上的一面旗帜

1961年，20岁的赵亚夫从宜兴农林学院毕业后分配到镇江农科所工作，50年如一日，他不断探索强农富民的新技术和新方法。

20世纪80年代初，我国还没有草莓种植。1982年，赵亚夫去日本研修，在日本他第一次接触到了草莓，并敏锐地感到草莓在中国一定能成为致富项目。在日本的一年时间里，他潜心研究草莓的管理栽植，很快掌握了露天与温室草莓种植的全套技术。临走时带回了13箱农科书籍和20棵草莓苗。他选择句容白兔镇解塘村，亲自给农民示范种植，露天草莓一次试种成功，是当时常规农作物效益的2倍，农民看到了种植草莓带来的收益，纷纷在自己的责任田里种植。以后赵亚夫又进一步研究反季节大棚草莓，他运用新技术在冬季长出草莓，使草莓的收获期延长到8个月。在赵亚夫的带领下，草莓成了各地农民致富奔小康的首选产业。

赵亚夫工作的镇江，多是丘陵山地，特别适合果树生长。为了带领农民发展果树生产，他创建了“万山红遍农业示范园”，里面种植草莓、葡萄、无花果、梨子、水蜜桃等水果，果树下养殖鸡、鸭、鹅、羊等畜禽。农民可以进来打工赚钱，可以进来实习，参观考察随时欢迎，园区大门永远向农民敞开。免费传授技术，更鼓励另立门户，还帮着销售。在园区的带动下，周围的农民渐次种植果树富裕起来。

中国农民一家一户种田，提篮小卖，小打小闹，赚不了钱，如何把农民组织起来，赵亚夫很早就思考这个问题，80年代就开始了探索。最初搞行业性协会（如葡萄协会），后来搞专业性合作社（如草莓合作社），最后搞综合性农民社区合作社，把分散的、各自为战的农民组织起来，制定大家都认可的章程，生产、加工、销售，分工协作，秩序井然。由他创立的合作社章程成了各地合作社运行的范本。

赵亚夫还是最早提出发展有机农业的探索者和实践者。他从领导岗位退下来以后来到镇江最贫困的一个小山村戴庄，成立戴庄有机农业合作社，创建环境友好、资源节约的有机农业产业园区，不使用农药化肥，生产有机稻、有机水果、有机禽蛋，产品受到广大市民群众的欢迎。2008年，戴庄村实现了小康。2013年全村农民人均纯收入是10年前的5倍多。村庄生态环境显著改善，鸟语花香，成了小鸟、小动物的天堂。“戴庄模式”由此在全国总结推广。

赵亚夫是当代中国农业战线上的一面旗帜，多次受到胡锦涛总书记、习近平总书记的接见。

王才林——致力育出最好吃的大米品种

王才林从小在“鱼米之乡”无锡农村长大，高中毕业后回乡当过3年农民，那时候一直想着能吃饱饭就行。农学院毕业后被分配到江苏省农业科学院从事水稻育种，当时的育种目标就是如何追求高产。90年代初，王才林有幸被推荐到日本鹿儿岛大学攻读农学博士学位。刚到日本时，老师请他吃了一顿便当，没想到，就是这顿饭彻底改变了他对稻米的认知：原来世上还有这么好吃的大米。老师告诉他，这是日本才有的软米。从此王才林暗下决心：将来一定要育出适合我们中国种植的最好吃的大米品种。

王才林博士毕业后，转到日本宫崎大学从事博士后研究工作，探究稻米好吃的秘密。1999年王才林学成回国，担任江苏省农业科学院粮食作物研究所所长，主攻水稻育种，开始践行他的“好吃大米梦”。经过大量筛选，他从日本半糯粳稻品种“关东194”中找到好吃和抗病的基因，又从江苏地方品种“武香粳14”中找到高产基因，通过杂交将好吃、抗病、高产的基因结合到一起。为了加快选育进程，他们把海南作为繁育基地，每年要在数以万计的不稳定材料中，选择符合育种目标需要的后代进行“加代”繁殖。一个品种的选育，至少要有8代的选择，才有可能将基因特性稳定下来，此外，还要4年适应性试种，品种通过审定后才能大面积推广。从此以后，王才林和他的团队就像候鸟一样南来北往，在海南和江苏两地奔波。

功夫不负有心人，直到2008年，王才林成功育出适宜江南地区种植的优质品种“南粳46”。乡亲们试种后，终于吃到了从未吃过的大米，“软、香、糯、白”，符合软米特征，人们个个对他竖起大拇指，啧啧称赞。

仅有苏南种植的好大米还不够，广大苏北大平原、长江流域到处都需要种植好吃的大米品种。可水稻品种有很强的地域性，“南粳46”只适宜在苏南种植，一旦跨过长江到了苏北就水土不服。在此后的数年间，王才林团队又再接再厉先后研发培育出适宜江苏不同生态区域种植的“南粳5055”“南粳9108”“南粳晶谷”等品种，平均亩产高达600～700千克，实现了优质与抗病、高产的统一。用这些米煮出的米饭晶莹剔透，有香味，口感柔软滑润，富有弹性，食味品质极佳，被译为江苏省“最好吃的大米”。

这些优良品种彻底颠覆了传统的粳米风味，已成为江苏优质米品种的杰出代表和优质软米品牌创建的主导品种，并辐射上海、浙江、安徽、山东、河南等地。其中，“南粳9108”被农业农村部列为长江中下游主导品种，“南粳2728”和“南粳5718”等中熟中粳型优良新品种适合黄淮海地区种植。好的品种加上配套的栽培技术，使江苏软米真正走向全国、走向世界。

2016年，在日本举行的中日优良食味粳稻品种选育及食味品鉴学术研讨会上，“南粳46”一举战胜日本诸多品种荣获“最优秀奖”。在2019年第二届全国优质稻品种食味品鉴暨国家水稻良种重大科研联合攻关推进会上，“南粳46”和“南粳9108”双双荣获金奖，其中“南粳46”在粳稻组得分排名第一，成为全国“最好吃的大米”。王才林终于开心地笑了。

第五章

比一比，看谁认识的农业物种多

农业物种极其丰富，有以植物种子为食的粮食作物，有以植物果实为食的水果、瓜果，有以植物根茎为食的薯类作物，有以植物茎叶为食的蔬菜作物，还有各种畜禽水生动物，大型真菌。农业物种的多样性，使我们的食物营养更全面、更均衡。

一、粮食作物

粮食作物顾名思义就是作为人类基本食粮的一类作物。主要分为谷类作物、薯类作物和豆类作物。有时也包括木本粮食作物，如板栗等。

水稻

水稻，是一年生禾本科植物，我国南方是普通栽培稻的起源中心之一。水稻所结籽实即稻谷，去壳后称大米或米。稻米除可煮饭熬粥外，还可以酿酒、制糖作工业原料。水稻按照黏性来分有籼稻、粳稻和糯稻。糯米最黏，适合包粽子、制麻团。

小麦

小麦是一种在世界各地广泛种植的禾本科植物，也是世界上最早栽培的农作物之一，小麦的

颖果是人类的主食之一，磨成面粉后可制作面包、馒头、饼干、面条等食物；发酵后可制成啤酒、酒精。冬小麦在秋天播种、第二年初夏成熟收获。

玉米

玉米是一年生禾本科草本植物，是重要的粮食作物和重要的饲料来源，也是全世界总产量最高的粮食作物。玉米秆直立高大，通常不分枝，基部各节具气生支柱根。雄花着生在植株顶部，雌花着生中部，我们常见的玉米“胡须”就是它的花粉管。甜糯玉米有独特的风味，适于鲜食。

甘薯

甘薯原产南美洲，又名山芋，是一种缠绕草质藤本植物。可茎秆扦插繁殖。我们吃的主要是埋藏在地下的膨大的块根。可生

吃、熟吃，还可以加工成各种点心，制作薯汁。甘薯茎叶是牲畜喜欢的饲草。

马铃薯

马铃薯又名土豆，茄科茄属，一年生草本植物。食用部分主要是它的块茎。以前我国主要把它当成蔬菜食用，现升级为粮食作物。用块茎繁殖，把土豆按芽眼切成块状，垄播即可。

谷子

我国最古老的农作物，古称稷、粟，亦称粱。属禾本科草本植物，状似狗尾草。每穗结实数百至上千粒，籽

实极小、卵圆形，谷穗一般成熟后金黄色，去皮后俗称小米。小米可蒸饭、煮粥，磨成粉后可单独或与其他面粉掺和制作饼、窝头、发糕等，糯性小米也可酿酒、酿醋、制糖等。

高粱

禾本科一年生草本植物。秆较粗壮，直立，基部节上具支撑根。性喜温暖，抗旱、耐涝。中国栽培较广，以东北各地为最多。按性状及用途可分为食用高粱、糖用高粱、帚用高粱等类。食用高粱谷粒供食用、酿酒。糖用高粱的秆可制糖浆或生食。帚用高粱的穗可制笤帚或炊帚。颖果可入药，能燥湿祛痰，宁心安神。

二、经济作物

指具有某种特定经济用途的农作物，主要作为纺织、榨油、制糖等工业原料。

棉花

棉花，是锦葵科棉属植物的种子纤维，原产于亚热带。植株

灌木状，花朵乳白色，开花后不久转成深红色然后凋谢，留下绿色小型的蒴果，称为棉铃。棉铃内有棉籽，棉籽上的茸毛从棉籽表皮长出，塞满棉铃内部，棉铃成熟时裂开，露出柔软的纤维。纤维多白色。

油菜

油菜，顾名思义是种子中含油量高的一种十字花科植物，油菜籽可以榨油。油菜花多为黄色，油菜花盛开时是一道亮丽的风景线。

花生

花生又名落花生、长寿果。被人们誉为“植物肉”，含油量高达50%，品质优良，气味清香。

花生是一种地上开花、地下结果的作物。花生开花授粉后，子房基部的子房柄不断伸长，从枯萎的花管内长出一根果针，并迅速地纵向伸长入土。果针入土后，子房开始横卧，肥大变白，体表长出茸毛，可以直接吸收水分和各种养分以满足生长发育的需要。荚果逐渐成熟，形成我们所见的花生果实。

地上开花地下结果是花生所固有的一种遗传特性，只有把子房伸到土壤中去，才能结果实。

大豆

大豆又称黄豆，原产中国，已有5000年栽培历史，目前中国东北为大豆主产区。大豆是一种种子含有丰富植物蛋白质的作物。大豆最常用来做各种豆制品，如豆腐、榨取豆油、酿造酱油

和提取蛋白质。未老熟的豆粒叫毛豆。

芝麻

芝麻是一年生直立草本植物。芝麻开花节节高。芝麻是一种油料作物，种子含油量高达55%。榨取的油称为麻油、胡麻油、香油，特点是气味醇香，生用熟用皆可。

三、果树作物

桃

人人都喜欢吃水蜜桃，水蜜桃香甜可口，柔嫩多汁。桃有多种品种，多数品种果皮有毛，“油桃”的果皮光滑；“蟠桃”果实是扁盘状；“血桃”颜色深紫；“碧桃”是观赏花用桃树，有多种形态的花瓣。江苏无锡阳山是著名的水蜜桃之乡。

梨

梨是人们常食用的水果之一，外皮黄中带绿、绿中带黄或黄褐色、绿褐色，里面果肉则为通亮白色，鲜嫩多汁，口味甘甜，核味微酸，凉性。和冰糖一起煮水，可辅助治疗咳嗽。与苹果同属蔷薇科，开花比桃树稍早，白色。

苹果

苹果为北方水果，通常为红色，不过也有黄色和绿色。苹果大多自花不育，需异花授粉。果肉清脆香甜，能帮助消化。苹果、梨等水果的核都有少量毒物，请在食用时吐出，即使榨汁也最好去除。

柑橘

南方水果。柑橘树形美观，四季常绿，果实橘黄，色泽艳丽，非常适合城市绿化、美化；柑橘春季花香扑鼻，秋季金果满树，又是吉祥的象征，盆栽观赏，既添美色，又添吉祥，四季橘已经走进千家万户。

杨梅

常绿植物。杨梅枝繁叶茂，初夏又有红果累累，十分可爱，是园林绿化结合生产的优良树种。孤植、丛植于草坪、庭院，或列植于路边都很合适。杨梅既可直接食用，又可加工成杨梅干、酱、蜜饯等，还可酿酒，有止渴、生津、助消化等功效。

柿

柿是人们比较喜欢食用的果品，甜润可口，营养丰富，不少人还喜欢在冬季吃冻柿，别有味道。柿营养价值很高，所含维生素和糖分比一般水果高1～2倍。除供鲜食外，还可制成柿饼、柿干、柿汁蜜、柿叶茶、柿醋、柿脯等，也可再加工成糕点和风味小吃，并有一定药用价值。

枇杷

枇杷果，味道甘美，形如黄杏。枇杷与大部分果树不同，在秋天或初冬开花，果子在春天至初夏成熟，比其他水果都早，每年三四月为盛产的季节。枇杷果富含人体所需的多种营养元素，是营养丰富的保健水果。

葡萄

葡萄又称提子，是葡萄属的一种常见植物，落叶藤本植物，褐色枝蔓细长，需搭架栽

培。浆果多为圆形或椭圆形，有青绿色、紫黑色、紫红色等，表面有果粉。葡萄除鲜食外，还可加工成葡萄酒、葡萄干等。

樱桃

蔷薇科、李属落叶小乔木，高可达8米。樱桃树的适应性相当强，几乎各种土壤都能生长，树龄长达200余年。但要使樱桃多结果，品质好，就需要适宜的小气候了。天灾和鸟害是种植樱桃的两大难题。

石榴

我国栽培石榴的历史可上溯至汉代，据记载是张骞从西域引入。中国南北都有栽培，以安徽、江苏、河南等地种植面积较

大，其中安徽怀远县是中国石榴之乡，“怀远石榴”为国家地理标志保护产品。中国传统文化视石榴为吉祥物，是多子多福的象征。

荔枝

荔枝原产于中国南部，是亚热带果树，常绿乔木。果皮有鳞斑状突起，鲜红或紫红。鲜果肉半透明凝脂状，味甜美，但不耐储藏。荔枝与香蕉、菠萝、龙眼一同号称“南国四大果品”。荔枝因杨贵妃喜食而闻名，杜牧曾写下“一骑红尘妃子笑，无人知是荔枝来”的千古名句。荔枝性热，多食易上火。

无花果

无花果实际上是有花的，只是花朵没有桃花、杏花那样漂亮，它的花朵隐藏在肥大的囊状花托里，果实实际上是个花序，花托肉质肥大，中间强烈凹陷，仅在上部开一小口，在凹陷的周缘生有许多小花，植物

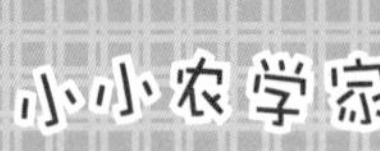

学上把这种花序称为隐头花序，靠昆虫来帮助它授粉。无花果营养丰富，可溶性固形物含量高达24%，含糖量在15%～22%，是一般水果品种的2倍。

猕猴桃

猕猴桃果形一般为椭圆状，外观呈绿褐色，表皮覆盖浓密茸毛，其内是呈亮绿色的果肉和一排黑色的种子。因猕猴喜食，故名猕猴桃；亦有说法是因为果皮覆毛，貌似猕猴而得名。猕猴桃是一种品质鲜嫩，富含维生素，风味鲜美的水果。

蓝莓

蓝莓，蓝色浆果，属杜鹃花科，越橘属植物。起源于北美，

多年生灌木小浆果果树。喜酸性土壤。因果实呈蓝色，故称为蓝莓。蓝莓果实中含有丰富的营养成分，富含花青素，具有活化视网膜的功效。

枣

鼠李科枣属植物，落叶小乔木，其果实可供鲜食，枣的果实味甜，含有丰富的维生素C、维生素P。也可以制成蜜枣、红枣、熏枣、黑枣、酒枣及牙枣等蜜饯和果脯，还可以做枣泥、枣面、枣酒、枣醋等。

草莓

草莓不是果树，它是蔷薇科多年生草本植物。草莓鲜果外观呈心形，鲜美红嫩，果肉多汁，含有特殊的浓郁水果芳香。其种子着生在果实表面。草莓的营养成分容易被人体消化、吸收，多吃也不会受凉或上火，是老少皆宜的健康果品，有“水果皇后”之誉。

菠萝

菠萝原产于南美洲巴西、巴拉圭的亚马孙河流域一带，16世纪从巴西传入中国南方。其可食部分主要由肉质化的花序轴、螺旋状排列于外周的花组成，花通常不结实，宿存的花被裂片围成一空腔，腔内藏有萎缩的雄蕊和花柱。叶的纤维坚韧，可供织物、制绳、结网和造纸。

火龙果

火龙果树为仙人掌科植物，原产于巴西、墨西哥等中美洲热带沙漠地区，属典型的热带植物。火龙果一说因其外表肉质鳞片似蛟龙鳞片而得名，一说因为外表像一团愤怒的红色火球而得名。里面的果肉就像香甜的奶油，但又布满了黑色的小籽。质地温和，口味清香。

它光洁而巨大的花朵绽放时，芳香四溢，盆栽观赏使人有吉祥之感，所以也称“吉祥果”。

桑葚

桑树的果实，未成熟时为绿色，逐渐成长变为白色、红色，成熟后为紫红色或紫黑色，味酸甜。《本草新编》有“紫者为第一，红者次之，青则不可用”的记载。桑葚中含有多种功能性成分，如芦丁、花青素、白藜芦醇等，具有良好的防癌、抗衰老、抗溃疡、抗病毒等作用。桑叶是蚕的饲料。

四、花卉作物

主要指用于观赏（观花、观果、观叶）的园艺作物。有木本、草本、水生花卉之分。

牡丹

牡丹为多年生落叶小灌木。花的色泽艳丽，雍容华贵，富丽堂皇。牡丹品种繁多，色泽亦多，以黄、绿、肉红、深红、银红为上品，尤其黄、绿为贵。牡丹花大而香，故又有“国色天香”之称。芍药与牡丹极为相似，但芍药为多年生草本花卉。

月季

月季，又称“月月红”，蔷薇科。常绿、半常绿低矮灌木，四季开花，一般为红色或粉色，偶有白色和黄色，可作为观赏植物，也可作为药用植物，亦称月季花，是庭院花卉最常见的种类。

玫瑰

玫瑰、月季和蔷薇其实都是蔷薇属植物，是三姊妹花。它们之间只有种类上的区别而没有科属上的差异。人们习惯

把花朵直径大、单生的品种称为玫瑰或月季，小朵丛生的称为蔷薇。玫瑰、蔷薇只在夏季开一次花，但玫瑰花的香气要比月季、蔷薇浓郁很多，因此玫瑰可提炼精油。

紫薇

紫薇树姿优美，树干光滑洁净，俗称“剥皮树”；开花时正当夏秋少花季节，花期极长，由6月可开至9月，故有“百日红”之称，是观花、观干、观根的盆景良材。

紫荆

豆科紫荆属，落叶乔木或灌木。原产于中国。喜欢光照，有一定的耐寒性。喜肥沃、排水良好的土壤，不耐淹。萌蘖性强，耐修剪。皮、果、木、花皆可入药，其种子有毒。紫荆花是家庭和美、骨肉情深的象征。

三角梅

三角梅，又名三角花、叶子花。三角梅为常绿攀缘状灌木，喜温暖湿润气候，不耐寒，在北方自然条件下不能安全过冬。常用于绿篱、庭园花木等。

杜鹃花

杜鹃花为落叶灌木。全世界的杜鹃花约有900种。中国是杜鹃花分布最多的国家，有530余种，杜鹃花种类繁多，花色绚丽。传说杜鹃花是由一种鸟吐血染成的。我国西南等山地，盛产杜鹃花，大多叫作映山红。

绣球

绣球花，又名木绣球、八仙花，落叶灌木或小乔木。叶对生，卵形至卵状椭圆形，夏

季开花，花于枝顶集成聚伞花序，花色可随开放过程而变化，因其形态像绣球，故名绣球花。

茉莉

茉莉花，常绿灌木，叶色翠绿，花色洁白（亦有其他花色），香气浓郁，是最常见的芳香性盆栽花木。茉莉花有着良好的保健和美容功效，可茶饮。

桂花

桂花是中国传统十大花木之一，集绿化、美化、香化于一体的观赏与实用兼备的优良园林树种，仲秋时节，丛桂怒放，芳香扑鼻，令人神清气爽。

梅花

梅花是蔷薇科李属的落叶乔木，有时也指其果（梅子）或花

（梅花）。梅花通常在冬春季节开放，与兰花、竹子、菊花一起列为四君子，也与松、竹一起被称为“岁寒三友”。

君子兰

君子兰是多年生草本植物，寿命达几十年或更长。一般来说，君子兰需12片以上叶子才开花，花期长达30～50天，以冬春为主，忌强光，为半阴性植物，喜凉爽，忌高温。

蝴蝶兰

亦属兰花，因花形像蝴蝶而得名。蝴蝶兰是在1750年发现的，迄今已发现70多个原生种，大多数产于潮湿的亚洲地区，但原生种大多花小不艳，作为商品栽培的蝴蝶兰多是人工杂交选育的品种。

郁金香

郁金香是一类属于百合科的具鳞茎草本植物，又称洋荷花、旱荷花，原产地从南欧、西亚一直到东亚的中国东北一带。被欧洲人称为“魔幻之花”的郁金香，自古以来就有一种莫名的魔力使园艺学家热衷于品种改良，甚至有人倾家荡产只为了它那稀有的球根。郁金香是荷兰和土耳其的国花。

菊花

菊花是中国十大名花之一，梅、兰、竹、菊合称四君子。菊花在中国有3000多年的栽培历史，中国菊花传入欧洲，约在明末清初。菊花在秋天开放，中国人极爱菊花，从宋朝起民间就有一年一度的赏菊盛会。古神话传说中菊花又被赋予了“吉祥、长寿”的含义。

康乃馨

康乃馨为石竹科石竹属植物，原产于地中海地区，分

布于欧洲温带以及中国的福建、湖北等地，是目前世界上应用最普遍的花卉之一。康乃馨包括许多变种与杂交种，在温室里几乎可以连续不断开花。1907年开始以粉红色康乃馨作为母亲节的象征，故今常被作为献给母亲的花。

红掌

红掌又名花烛，原产于哥斯达黎加、哥伦比亚等热带雨林区。常附生在树上，有时附生在岩石上或直接生长在地上，性喜温暖、潮湿、半阴的环境，忌阳光直射。花姿奇特美艳，花期持久。适合盆栽、切花或庭园荫蔽处丛植美化。

薰衣草

薰衣草为多年生草本或小矮灌木，虽称为草，但它实际是一种紫蓝色小花。薰衣草丛生，多分枝，常见的为直立生长。叶互生，椭圆形披尖叶。花常见为紫蓝色，花期6—8

月。花序形似小麦穗状，一个花序上有50～100朵花。大片种植时，其花香浓郁，香飘十里，十分浪漫。

向日葵

向日葵别名太阳花，是菊科向日葵属的植物。原产北美洲，世界各地均有栽培。向日葵是一年生草本，高1～3米，茎直立，粗壮，圆形多棱角，被白色粗硬毛，因花序随太阳转动而得名。喜温暖，耐旱，能产果实葵花籽，也可作为油料作物。

一串红

一串红原产巴西，现在我国各地均有栽培。一串红为唇形科草本花卉。一串红花期长，从夏末到深秋，开花不断，且不易凋谢，是布置花坛的理想花卉。还有紫色花的，称一串紫；白色花的，称一串白；粉色花的，称一串粉。一串红的果实为小坚果，椭圆形，内含黑色种子，易脱落，能自播繁殖。

美人蕉

多年生宿根草本植物。原产美洲、印度、马来半岛等热带地区。夏季至秋季开花。湿生栽培。花大而美丽，非常适合夏季观赏。

大丽花

大丽花又叫大丽菊，是菊科多年生草本。菊花傲霜怒放，而大丽菊却不同，春夏间陆续开花，越夏后再度开花，霜降时凋谢。它的花形同国色天香的牡丹相似，色彩瑰丽多彩，惹人喜爱。

水仙

水仙，别名凌波仙子，原产中国，在中国已有1000多年栽培历史，为中国传统名花之一。石蒜科多年生草本植物。地下部分

的鳞茎肥大似洋葱。水仙花朵秀丽，叶片青翠，花香扑鼻，清秀典雅，已成为世界上有名的冬季室内陈设的花卉之一。

五、蔬菜作物

蔬菜，是指可以做菜、烹饪成为食品的一类植物或菌类，蔬菜是人们日常饮食中必不可少的食物之一。蔬菜可提供人体所必需的多种维生素和矿物质等营养物质。

小白菜

小白菜，又名不结球白菜、青菜。原产于我国，南北各地均有分布，在我国栽培十分广泛。小白菜是蔬菜中含矿物质和维生素最丰富的菜。南京人俗语：三天不吃青，两眼冒金星。

大白菜

大白菜栽培面积和消费量在中国居各类蔬菜之首。大白菜以

柔嫩的叶球、莲座叶或花茎供食用，可炒食、做汤、腌渍，与小白菜一起成为我国居民餐桌上必不可少的一道美蔬。韩国人喜欢吃的泡菜也是用大白菜腌制的。

甘蓝

甘蓝，又名结球甘蓝、卷心菜、包菜。十字花科，芸薹属中能形成叶球的变种，一、二年生草本植物。以叶球供食，可炒食、煮食、凉拌、腌渍或制干菜。

另外，花菜是甘蓝的变种，肥嫩的花蕾、花枝、花轴等聚合而成的花球，是一种粗纤维含量少，品质鲜嫩，营养丰富，风味鲜美，人们喜食的蔬菜。

韭菜

韭菜，属百合科多年生草本植物，具特殊强烈气味，是人们喜爱、餐桌上常见的蔬菜之一。韭菜再生能力强，长了割，割了长，一年四季都可栽培。

洋葱

洋葱是一种耐运输、耐贮藏的常用蔬菜，食用部分是肥大的肉质鳞茎，有特殊的香辣味，能增进食欲，可辅助治疗多种疾病。

番茄

番茄，别名西红柿、洋柿子等。原产秘鲁和墨西哥，最初称之为“狼桃”。果实营养丰富，具特殊风味。可以生食、煮食、加工制成番茄酱、汁。番茄是全世界栽培最为普遍的果菜之一。

茄子

茄子属于茄科家族中的一员，是为数不多的紫色蔬菜之一，也是餐桌上十分常见的家

常蔬菜。茄子果实由海绵状薄壁组织所组成，其细胞间隙较多，组织松软，营养丰富。

辣椒

辣椒的果实因果皮含有辣椒素而有辣味，能增进食欲。辣椒中维生素C的含量在蔬菜中居第一位，原产墨西哥，明朝末年传入中国。

秋葵

秋葵又名黄秋葵、羊角豆、咖啡黄葵，民间也称“洋辣椒”。原产于非洲，20世纪初由印度引入中国，多见于中国南方。其可食用部分是果荚，分绿色和红色两种，口感脆嫩多汁，滑润不腻，香味独特，种子可榨油。

萝卜

萝卜，根茎类蔬菜，又名莱菔、水萝卜，根肉质，长圆形、球形或圆锥形，原产我国，可食用品种极多，有绿皮、红皮和白皮的。具有多种食用和药用价值。

胡萝卜

胡萝卜，供食用的部分是肥嫩的肉质直根。胡萝卜肉质细密，质地脆嫩，有特殊的甜味，营养丰富，富含胡萝卜素及多种维生素，有“小人参”之称，多食有补肝明目的作用。

山药

山药是多年生草本植物，茎蔓生，常带紫色，块茎圆柱形，叶子对生，卵形或椭圆形，花乳白色，雌雄异株。块茎含淀粉和蛋白质，营养丰富。

芋头

芋头又称芋、芋艿，天南星科植物的地下球茎，形状、肉质因品种而异，通常食用的为小芋头。多年生块茎植物，常作一年生作物栽培。

藕

藕，莲科植物的根茎。藕微甜而脆，可生食也可煮食，是

常用餐菜之一。藕也是药用价值相当高的植物，它的根、叶、花须、果实皆是宝，都可滋补入药。其荷花“出淤泥而不染”，是重要的水生花卉。

豌豆

豌豆是春播一年生或秋播越年生攀缘性草本豆科植物，因其茎秆攀缘性而得名。可青食其豆荚、豆苗，也可老熟时食其豆粒。

蚕豆

蚕豆，又叫胡豆，佛豆，李时珍说：“豆荚状如老蚕，故名蚕豆。”江南一带，喜欢在立夏时节食豆，因此又称作“立夏豆”。昔日儿时多喜吃老熟炒蚕豆。

豇豆

豇豆分为长豇豆和饭豇

豆两种，属一年生草本豆科植物。茎有矮生、半蔓生和蔓生3种。南方栽培以蔓生为主，需搭架栽培。

南瓜

南瓜是葫芦科南瓜属植物。“南瓜”一词可以特指南瓜属中的中国南瓜，也可以泛指包括笋瓜（又称印度南瓜）、西葫芦（又称美洲南瓜）等在内的其他南瓜属栽培种。嫩果味甘适口，是夏秋季节的瓜菜之一。老瓜可作饲料或杂粮，所以很多地方又称其为饭瓜。

丝瓜

丝瓜，原产于印度，为葫芦科攀缘草本植物，需搭架栽培。嫩果为夏季蔬菜，可煮汤、可炒食。成熟时里面的网状纤维称丝瓜络，可代替海绵用作洗刷灶具及家具。

黄瓜

黄瓜，葫芦科黄瓜属植物。也称胡瓜、青瓜。果实颜色呈油绿或翠绿，表面有柔软的小刺。黄瓜是西汉时期张骞出使西域带回中原的，称为胡瓜。五胡十六国时后赵皇帝石勒忌讳“胡”字，将其改为“黄瓜”。

苦瓜

苦瓜又名凉瓜，是葫芦科植物，为一年生攀缘草本。果实长椭圆形，表面具有多数不整齐瘤状突起。苦瓜味苦，是消夏好菜。

西瓜

属葫芦科，原产于非洲。西瓜是一种双子叶开花植物，蔓生，叶子呈羽毛状。它所结出的果实是瓠果，有墨绿色斑纹，果瓤多汁，为红色或黄色，生食，为夏季消暑佳果。

甜瓜

甜瓜又称甘瓜或香瓜。它是夏令消暑瓜果，其营养价值可与西瓜媲美。原产非洲和亚洲热带地区，中国华北为薄皮甜瓜次级起源中心，新疆为厚皮甜瓜起源中心。著名的新疆哈密瓜，即为甜瓜的变种。

冬瓜

冬瓜，葫芦科植物，瓜形状如枕，又叫枕瓜，生产于夏季。为

什么夏季所产的瓜，却取名为冬瓜呢？这是因为瓜熟之际，表面上有一层白粉状的东西，就好像是冬天所结的白霜，也是这个原因，冬瓜又称白瓜。冬瓜性寒味甘，清热生津，解暑除烦，在夏日服食尤为适宜。

六、菌菇类作物

菌菇即食用菌，是指子实体硕大，可供食用的大型真菌。

蘑菇

蘑菇是多种菌菇的通称，在成熟时很像一把撑开的小伞。由菌盖、菌柄、菌褶、菌环、假菌根等部分组成。大部分蘑菇可以作为食品和药品，但毒蘑菇会对人造成危害。

木耳

木耳腐生在枯死的树木枝干上，其状扁平，形如人耳，故名木耳，也称黑木耳。可晒干贮藏烹煮食用。有降血脂的作用，被誉为“血管清道夫”。

金针菇

金针菇因其菌柄细长，似金针菜，故称金针菇，属伞菌目白蘑科金针菇属，是一种菌藻地衣类。适于机械化、规模化生产。金针菇具有很高的药用食疗价值。

七、绿肥牧草作物

绿肥作物是提供作物肥源和培肥土壤的作物。栽培绿肥以豆科作物为主，如紫云英、苜蓿、苕子等，绿肥作物也多作为畜禽的青饲料。

紫云英

紫云英为豆科草本植物，花紫色，嫩梢亦供蔬食。分布于中国长江流域各省份，生于海拔400～3000米的山坡、溪边及潮湿处。中国各地多栽培，为重要的绿肥作物和牲畜饲料。紫云英根、全草和种子可入药，有祛风明目，健脾益气，解毒止痛之效。也是中国主要蜜源植物之一。

苜蓿

多年生草本植物，似三叶草，耐干旱，产量高而质优，又能改良土壤，因而为人所知。中国各地广泛栽培，主要用于制干草、青贮饲料或用作牧草。苜蓿以“牧草之王”著称，不仅产量高，而且草质优良，各种畜禽均喜食。

八、畜禽

猪

猪，杂食类哺乳动物。身体肥壮，四肢短小，鼻子口吻较长，体肥肢短，性温驯，适应力强，繁殖快。有黑、白、酱红或黑白花等色。中国养猪

业历史悠久，源远流长，猪种资源众多，养猪经验丰富。中国是最早将野猪驯养为家猪的国家之一。

牛

牛是最早被驯化的大型动物之一，草食性动物。早期牛主要为役用，是农业生产的主要帮手，随着农业机械的发展，牛的役用功能逐渐丧失。现主要饲养肉牛、奶牛。

羊

羊，人类最早的驯化动物之一，草食性动物。分山羊和绵羊。山羊祖先生活在山地，性情活泼，好斗；绵羊性情温顺、胆小。绵羊毛是重要的纺织原料。

兔

兔，草食性哺乳动物。红眼睛，上唇中间分裂，是典型的三瓣嘴，非常可爱。兔子性格温顺，惹人喜爱，是很受欢迎的动物。尾短而且向上翘，前肢比后肢短，善于跳跃，跑得很快。

鸡

鸡是人类饲养最普遍的家禽。家鸡源于野生的原鸡，其驯化历史至少有4000年，但直到1800年前后鸡肉和鸡蛋才成为大量生产的商品。古时候多以雄鸡啼鸣报晓。

鸭

鸭是人类饲养的水禽，嘴扁，颈长，趾间有蹼，善游泳，野鸭会飞，家鸭不会飞，可成群饲养，南京桂花鸭和高邮咸鸭蛋十分有名。鸭绒毛可做衣、被。

鹅

鹅是人类驯化的家禽之一，它来自野生的鸿雁或灰雁。中国家鹅来自鸿雁，欧洲家鹅则来自灰雁。鹅比鸭子大，颈长，喙扁阔，尾短，体白色或灰色，额部有肉质突起，雄的突起较大，颈长，脚大有蹼，善游水。

鸽

鸽是鸽形目鸠鸽科数百种鸟类的统称。它们善于飞翔。嗉囊发达，亲鸽以“鸽乳”喂哺幼雏，幼雏将喙伸入亲鸽喉中去获得鸽乳。鸽“爱情”专一，配偶终生基本固定。

九、水产

甲鱼

甲鱼又称鳖或王八，是一种卵生两栖爬行动物，其头像龟，但背甲没有乌龟般的条纹，边缘呈柔软状裙边，颜色墨绿。甲鱼常在水底的泥沙中生活，喜食鱼、虾等小动物，瓜皮果屑、青草以及谷物等也吞食。

螃蟹

螃蟹属节肢甲壳动物，胸腔有5对附属肢，称为胸足。位于前方的一对附属肢备有强壮的螯，可觅食之用，其余的4对附属肢就是螃蟹的脚。它们走路的模样独特而有趣，大多是横着走而不是往前直行。自然生长的河蟹一般是穴居或隐居。河蟹在淡水中生长，生长时需要一次次蜕皮脱壳。河蟹的食性很杂，它荤素均吃，并且喜欢吃鱼、虾、螺、蠕虫、蚯蚓、昆虫等动物性食物。成熟后沿江爬行到海水中产卵繁殖，因此人们多在湖泊闸门处捕捉，故名大闸蟹。

龙虾

龙虾有坚硬、分节的外骨骼。胸部具5对足，其中一对变形为螯，一侧的螯通常大

于对侧者。眼位于可活动的眼柄上。有两对长触角。腹部有多对游泳足。尾呈鳍状，用以游泳。

鲫鱼

鲫鱼是最常见的一种淡水鱼。鲫鱼是主要以植物为食的杂食性鱼，喜群居而行，择食而居。肉质细嫩，肉营养价值很高。鱼类主要靠鳃呼吸，鳃丝表面布满微细血管，水中溶氧通过血管进入血液。

黄鳝

黄鳝，体细长呈蛇形，无鳞，在浅水中能竖直身体的前半部分，用口到水面呼吸，把空气储存于口腔及喉部，所以显得喉部肿大。黄鳝广泛分布于亚洲东南部，栖息在池塘、小河、稻田等处，常潜伏在泥洞或石缝中。夜出觅食。生殖情况较特殊，幼时为雌，生殖一次后，转变为雄性，这种雌、雄性的转变现象称为性逆转现象。

河蚌

河蚌是软体动物门蚌科的一类动物统称，肉可食，也适合作为鱼类、禽类的饵料和家禽、家畜的饲料。亦可用蚌来培育珍珠，如果有沙粒、小石头被它吞进去以后，它会分泌出一种黏液，包裹住小石头，久而久之就形成了珍珠。人工最开始送进去的沙粒或者石头的形状越圆润，生成的珍珠就越圆润。

十、其他

桑蚕

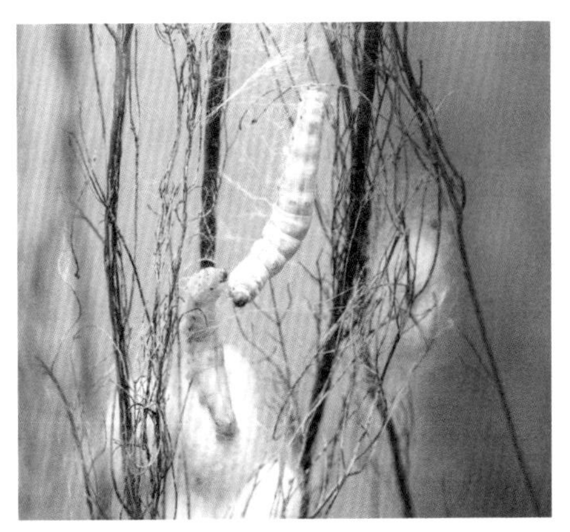

桑蚕，又称家蚕，简称蚕。一种具有很高经济价值的吐丝昆虫。以桑叶为食料，茧可缫丝，丝是珍贵的纺织原料，主要用于织绸。蚕的蛹、蛾和蚕粪也可以综合利用，是多种化工和医药工业的原料。

蜜蜂

蜜蜂是一种会飞行的群居昆虫。蜜蜂家族分工明确，蜂王（只有一个）个体较大，专营产卵生殖；雄蜂，专司交配，交配后即死亡；工蜂是生殖器发育不全的雌蜂，数量最多，专司筑巢、采集食料、哺育幼虫。蜜蜂主要采食花粉和花蜜，并带回蜂巢调制储存成蜂蜜。蜜蜂在采集花粉时刚好完成对花授粉。

茶叶

茶叶，指茶树的叶子和芽。茶树是山茶科、山茶属灌木或小乔木，嫩枝无毛。叶革质，长圆形或椭圆形。茶树的叶子可制茶，种子可以榨油。茶树材质细密，其木可用于雕刻。现泛指所有用植物花、叶、种子、根泡制的草本茶，如“菊花茶”等。

其实农业物种还有许多，这里只列举了其中的100种，更多的留着小读者自己去探秘吧。

小朋友，展开你想象的翅膀吧——

1. 什么是生物？地球外的星球上会有生物存在吗？

2. 所有植物都能开花吗？你见过甘薯、竹子、无花果开花吗？

3. 番茄、马铃薯是同科植物，通过嫁接，地上结番茄，地下结土豆，你觉得可能吗？

4. 你见过大豆根上长瘤吗？它是什么？有什么作用？

5. “万物土中生”，植物离开了土壤能生长吗？

6. “万物生长靠太阳”，植物没有光照能生活吗？韭黄、蒜黄是怎么生产的？

7. 植物最喜欢赤、橙、黄、绿、青、蓝、紫中的哪种颜色？

8. 花生开花结果与大豆开花结果有什么不一样？

9. 西瓜、葡萄都是种子植物，无籽西瓜、无籽葡萄为什么没有种子？

10. “一枝一叶可以长成一片森林，一粒种子可以改变世界”，你是怎么理解这两句话的？

11. 柳树扦插极易成活，柳条倒插也能生长吗？

12. 如果让温度不断下降，生物一定会被冻死吗？

13. 植物可以无性繁殖，动物也能无性繁殖吗？

14. 韭菜长得很像小麦苗，你是如何区分的？

15. 春天我们经常受到纷飞柳絮的困扰，柳絮是什么？有办法解决吗？

16. 农业秸秆可以做动物饲料、发电燃料、工业原料、农田肥料，你认为还有哪些用途？

17. 风与农业生产有什么关系？

18. 为什么说打雷闪电的地方庄稼会长得更茂盛？

19. 我们生病、食品霉变都是看不见的微生物在作怪，微生物就没有好的吗？

20. 未来人们将向广阔的海洋要食物，科学家提出“耕海牧渔”的伟大设想，你有什么感想？

少年农学院——

一个埋藏“金种子”的地方

在美丽的太湖之滨——江苏省无锡市钱桥镇有一座百年老校，她就是无锡藕塘小学。多年来，无锡藕塘小学以“培育心灵阳光的人”为办学目标，不断探索教学改革，在拓展教育、素质教育、特色教育上狠下功夫，先后创办少年军校、少年书画院、少年农学院三大特色课程，特别是少年农学院是该校与江苏省农业科学院共同创办、精心打造的一朵教育奇葩，获得了社会各界的广泛赞誉。

少年农学院在江苏省农业科学院专家的指导下，建设了一个生动有趣的农业科普展览馆，运用现代多媒体技术，图文并茂地介绍农业知识，让学生了解农业的前世今生；一个美工食坊，让学生了解多种食品的制作工艺，品尝各种美食小点心；一个玻璃花房，供学生亲眼目睹、亲手培育各种美丽多姿的鲜花；一个组培实验室，让学生初步接触农业科学实验，培植学生的科学理想。

江苏省农业科学院与无锡藕塘小学共建少年农学院

少年农学院还有一个占地5亩左右的实习小农场，是学生课余最爱去的地方。农场里有一个个方格小菜园，种植了萝卜、菠菜、韭菜、茼蒿等各种蔬菜作物，每班领种一格；有一个红领巾小桃园，春天时节桃红柳绿，秋天时节果实累累；还有两座塑料大棚，冬天时节也能现场采摘嫩绿的黄瓜；一个家禽养殖小区，不时有几只母鸡带领一群小鸡在园里觅食，惹人喜爱。

少年农学院围绕“我是小小种桃人，以桃为媒爱家乡；我是小小花艺师，以花为媒爱自然；我是小小蔬食家，以菜为媒爱生活；我是小小研究员，以物为媒爱探索”四大主题，制订了《少年农学院课程建设方案》。江苏省农业科学院专家还专门为少年农学院编写了《小小农学家》教材，建立了一套生动有趣的学生练习题库，并根据学生掌握的知识信息量，给予“小小农艺师”“农学小博士”“小小研究员”等称号,以调动小学生探索自然的浓厚兴趣。

无锡藕塘小学十分注重校园文化建设，努力为学生健康成长创造优越的环境条件，他们有一个信念，就是希望通过创建少年农学院、少年书画院、少年军校这样一个个特色教育平台，让学生过上有意义的校园生活，让老师过上有品质的专业生活，让校园教育变得更有趣、更有品、更有爱。

无锡藕塘小学少年农学院——真正是一个埋藏“金种子”的地方。

少年农学院剪影